教育部产学合作协同育人项目成果教材
2022 年湖南省高校教学改革研究项目成果教材
普通高等教育电子信息类专业系列教材

电工电子实验指导教程

（第二版）

主　编　欧阳宏志
副主编　杨文军　王丽君

西安电子科技大学出版社

内 容 简 介

本书结合实验装置以及仪器设备,介绍了电工基础、电子技术等实验内容以及电子技术课程设计。全书共 6 章,主要内容包括实验设备、电路仿真软件 TINA、电工基础实验、电子技术基础实验、电子技术综合实验和电子技术课程设计等。

本书内容安排从基础到综合、从局部到整体,将虚拟实验与真实实验相结合,内容完整,资源丰富,可作为高等院校电气信息类相关专业本科生电工电子实验及课程设计的教学用书。

图书在版编目(CIP)数据

电工电子实验指导教程 / 欧阳宏志主编. —2 版. —西安:
西安电子科技大学出版社,2021.8(2022.8 重印)
ISBN 978 - 7 - 5606 - 6141 - 4

Ⅰ. ①电… Ⅱ. ①欧… Ⅲ. ①电工试验—高等学校—教材 ②电子技术—实验—
高等学校—教材 Ⅳ. ①TM ②TN - 33

中国版本图书馆 CIP 数据核字(2021)第 155259 号

策　　划　杨丕勇
责任编辑　杨丕勇
出版发行　西安电子科技大学出版社(西安市太白南路 2 号)
电　　话　(029)88202421　88201467　　　邮　　编　710071
网　　址　www.xduph.com　　　电子邮箱　xdupfxb001@163.com
经　　销　新华书店
印刷单位　陕西博文印务有限责任公司
版　　次　2021 年 8 月第 2 版　2022 年 8 月第 3 次印刷
开　　本　787 毫米×1092 毫米　1/16　印　张　14.5
字　　数　342 千字
印　　数　4801～7800 册
定　　价　37.00 元
ISBN 978 - 7 - 5606 - 6141 - 4/TM
XDUP 6443002 - 3
＊＊＊如有印装问题可调换＊＊＊

前　言

本书是电路原理、电工电子技术、模拟电子技术、数字电子技术的实验课以及电子技术课程设计等课程的教学指导用书，旨在培养学生独立实验的能力、分析与研究的能力、理论联系实际的能力和创新创造的能力。

本书的编写目的是让学生达到以下教学要求：① 进一步巩固理论教学知识点；② 掌握电压、电流、电位、功率、功率因数等的测量原理及方法，注意加强数字化测量技术和计算技术在实验教学中的应用；③ 掌握数字存储示波器、直流稳压电源、万用表、函数发生器、RLC参数测量仪、真有效值电表、频率计等常用仪器的使用方法；④ 掌握处理实验数据的一些常用方法；⑤ 掌握常用的检测电路故障的实验方法；⑥ 掌握常用的电路设计软件及仿真方法。

本书是为了适应南华大学2019版培养方案中加强学生实践能力培养的要求而编写的。实验分为三个层次：一是本科生的电路原理、模拟电子技术及数字电子技术方面的基础实验；二是综合实验，难度加大；三是课程设计，旨在提高学生的电子设计综合能力。

本书兼顾多学时和少学时课程，具体内容安排如下：绪论介绍实验的基本作用及要求，第1章介绍实验设备，第2章介绍电路仿真软件TINA，第3章介绍电工基础实验，第4章介绍电子技术基础实验，第5章介绍电子技术综合实验，第6章介绍电子技术课程设计。

本书第二版与第一版的不同之处在于：绪论中增加了实验中常见故障的分析与处理和实验室用电安全等知识；第1章中增加了SOPC/EDA实验箱介绍；第2章中增加了示例；第3章将电工基础实验分为电工实验和电路实验，以适应不同学时的教学需要；第4至第6章将电子技术实验分为基础、综合和课程设计三个层次，更加契合学生的学习规律，并增加了EDA和虚拟仿真实验部分，使之接近工程实际的开发流程；附录中增加了常用的网络学习资源链接，以适应当今数字化时代的发展。另外，本版书还调整了一些章节的顺序。

本书由南华大学电气工程学院组织编写，欧阳宏志副教授担任主编，杨文军、王丽君担任副主编。欧阳宏志负责全书的组织和构思，并编写了绪论、第2章、第5章前面部分和第6章，杨文军编写了第1章并校对教材的前半部分，刘原和陈蔚编写了第3章，高飞燕和董招辉编写了第4章，王丽君编写了第5章后面部分并校对教材的后半部分。

特别要感谢第一版的主编陈文光教授，他为教材的编写辛勤付出，为课程体系的发展建言献策，为学生的实践与创新教育殚精竭虑。南华大学电工电子教学与实验中心的阳璞琼、宾斌、欧阳惠斌、管金云、李可生、尹相辉、赵艳辉、郭成双等老师对本书内容提出了宝贵的建议，浙江天煌科技实业有限公司提供了有关实验设备的资料，在此表示感谢！

本书的大部分实验都附有讲解视频和演示视频，具体见书内二维码及附录和下面的微信公众号（电工电子系列课程学习资源）二维码，这些视频均由南华大学一线任课教师制作，在此向他们表示衷心的感谢。

本书得到以下项目的资助：2022 年湖南省高校教学改革研究项目："互联网＋教育"时代下电工电子技术课程新形态教材的建设；教育部 2019 年第二批产学合作协同育人项目：新工科背景下电子信息类专业综合实践课程体系研究（201902143005）；教育部 2021 年第二批产学合作协同育人项目：虚实结合的"三电"课程实验教学体系改革（202102207018）。特此感谢！

由于编者水平有限，书中难免存在不妥之处，欢迎广大读者批评指正。

"电工电子系列课程学习资源"微信公众号二维码如下，敬请关注！

编　者

2022 年 8 月

目　　录

绪　论

0.1　电工电子技术实验课程的任务和要求

电工电子技术实验课程是一门技术基础课程，该课程的主要任务是指导学生学习并掌握基本的电路知识、测试方法及测试仪器的使用方法等。该课程中介绍的技术可应用于许多生产技术部门，是工程技术的基础。

1. 课程任务

（1）培养学生的基本科学实验技能，提高学生的科学实验基本素质，使学生初步掌握实验科学的思想和方法。

（2）培养学生的科学思维和创新意识，使学生掌握实验研究的基本方法，提高学生的分析能力和创新能力。

（3）提高学生的科学素养，培养学生理论联系实际和实事求是的科学作风，认真严谨的科学态度，积极主动的探索精神，以及遵守纪律、团结协作、爱护公共财产的优良品德。

2. 课程对学生能力培养的基本要求

（1）独立实验的能力——能够通过阅读实验教材、查询有关资料和思考问题，掌握实验原理及方法，做好实验前的准备；正确使用仪器及辅助设备，独立完成实验内容，撰写合格的实验报告；独立完成实验，逐步形成自主实验的基本能力。

（2）分析与研究的能力——能够融合实验原理、设计思想、实验方法及相关的理论知识对实验结果进行分析、判断、归纳与综合；掌握通过实验进行现象和电学规律研究的基本方法，具有初步分析与研究的能力。

（3）理论联系实际的能力——能够在实验中发现问题、分析问题并学习解决问题的科学方法，逐步提高综合运用所学知识和技能解决实际问题的能力。

（4）创新能力——能够完成符合规范要求的设计性、综合性内容的实验，进行初步的具有研究性或创意性内容的实验，激发学习主动性，提高创新能力。

3. 基本教学要求

通过本门课程的学习，学生应掌握以下知识和方法：

（1）掌握基本电参数的测量方法。掌握电压、电流、时间、电位、功率、功率因数、电阻、效率的测量方法，注意加强数字化测量技术和计算技术在实验教学中的应用。

（2）掌握实验室常用电学仪器的性能，并能够正确使用。掌握数字存储示波器、直流稳压电源、万用表、函数发生器、功率测试仪、RLC 参数测量仪、真有效值电压表、真有效值电流表、频率计等常用仪器的正确使用方法。

（3）掌握测量误差的基本知识，具备正确处理实验数据的基本能力。掌握处理实验数据的一些常用方法，包括列表法、作图法和最小二乘法等。随着计算机及其应用技术的普及，还应掌握用计算机通用软件处理实验数据的基本方法。

（4）掌握常用的检测电路故障的实验方法，并逐步学会使用。

（5）掌握常用的电路设计的软件及仿真方法。

0.2　实验课程的基本程序

实验的教学方式以实践训练为主，学生应在实验教师的指导下，充分发挥主观能动性，加强实践能力的训练。实验通常分为以下几个环节进行。

1. 预习

学生在课前要仔细阅读实验教材及有关资料，弄清实验目的、实验仪器、实验原理、实验内容和步骤、实验注意事项等，并在此基础上写出预习报告。预习报告应简明扼要，具体内容包括：① 实验名称；② 实验目的；③ 实验原理；④ 实验内容和步骤；⑤ 实验原始数据记录表。最好进行一些仿真实验，提前熟悉实验原理。做设计性实验前要查阅有关资料，写出实验设计方案。预习得好坏是能否做好实验并取得主动的关键。

实验开始前由任课教师检查预习报告或提问。对于无预习报告或准备不够的学生，教师可以停止其本次实验。

2. 实验操作

学生进入实验室要遵守实验室规则，在教师的讲解和指导下熟悉实验原理、实验仪器、实验步骤；实验仪器的布置要有条理，且要安全操作；细心观察实验现象，认真分析实验中碰到的问题，遇到问题要冷静对待，视为学习良机。做实验不是简单地测量几个数据，不能把这一重要的实践过程看成是只动手不动脑的机械操作。通过仔细操作，有意识地提高自己使用和调节仪器的本领及测量技能，善于观察和分析实验现象，养成整洁清楚地做实验记录的良好习惯，并逐步培养自己设计实验的能力。记录实验数据时不能使用铅笔。实验完毕，数据应交教师审查签字，将仪器、凳子归整好以后，才能离开实验室。

进入实验室不要穿拖鞋或光着脚，注意用电安全问题，不要乱动设备上的开关及按钮。

3. 撰写实验报告

实验报告的撰写是实验工作的最后环节，也是整个实验工作的重要组成部分。通过撰写实验报告，可以锻炼科学技术报告的写作能力和总结工作能力，这是未来从事任何工作都需要的能力。实验报告要用统一的实验报告纸书写，下面给出实验报告的一种参考格式。

实验报告

实验名称：

姓名：　　　　　　　班级：　　　　　专业：　　　　　　　学号：

同组人姓名：　　　　　　　　　　　实验日期：　　　年　月　日

实验目的：总结本实验项目要达到的目的。

　　实验仪器：写出主要仪器的名称、规格及编号。

　　实验原理：用自己的语言，写出实验原理（实验的理论依据）和测量方法及要点，说明实验中必须满足的实验条件，写出数据处理时必须用到的主要公式，标明公式中物理量的意义，画出必要的实验原理示意图、测量电路图。

　　实验内容和步骤：简明扼要地写出实验步骤。

　　实验原始数据记录表：实验中测量出来的数据必须记录在预习时拟好的原始数据记录表中，实验结束时原始数据记录必须由教师签字认可。交上来的实验报告中原始数据记录如无教师签字，则该份报告教师不批阅（或记为 0 分）。

　　实验数据处理：每个实验按数据处理的要求进行实验数据的处理，处理的方法依据实验种类有区别，例如用列表法、图示法等进行数据处理时，应尽量使用软件完成，并将结果粘贴在实验报告中。

　　结论：要将最终的实验结果写清楚，不要将其湮没在处理数据的过程中。

　　问题分析与讨论：要善于对实验结果进行总结和分析，看看自己能否提出一些改进的意见，创新能力往往是在平时一点一滴的思考中逐渐形成的；或者回答教师就本次实验提出的问题。

0.3　常用实验数据处理方法及软件

0.3.1　常用实验数据处理方法

　　实验中测量得到的许多数据需要处理后才能表示测量的最终结果。对实验数据进行记录、整理、计算、分析、拟合等，从中获得实验结果和寻找各被测量之间的变化规律或经验公式的过程就是数据处理。它是实验方法的一个重要组成部分，是实验课的基本训练内容之一。本节主要介绍列表法、图示与图解法、逐差法、平均法和最小二乘法这 5 种常用实验数据处理方法。

1. 列表法

　　列表法就是将一组实验数据和计算的中间数据依据一定的形式和顺序列成表格。列表法可以简单明确地表示出物理量之间的对应关系，便于分析和发现数据的规律性，也有助于检查和发现实验中的问题。要想让自己所列的表格充分发挥出列表法的所有优点，就必须严格按以下要求精心设计：

　　（1）任何表格的各栏目（纵栏或横栏）均应标明所列各量的名称（或代号，若为自定义代号，则需另注明）及单位。各量的单位切忌在每个数据的后面都标注，而应标注在本量的栏目中。若整个表中各量的单位相同，则统一在表格的右上方注明单位。

　　（2）所有直接测量的量及其平均值和绝对误差、有关仪器误差等都要列入表中，以提高数据处理和误差计算的工作效率。

　　（3）若是函数测量关系表，则应按自变量由小到大或由大到小的顺序排列。

　　（4）栏目的顺序应充分注意数据间的联系和计算过程的先后顺序，力求简明、齐全、有条有理。

　　（5）严格养成实事求是的科学作风，不允许随意改动原始数据，必要改动应说明缘由。

更不允许假造原始数据,编造假结果。

(6)有的数据要用科学计数法表示,并注明在栏目中,不要写在每个数据旁。

(7)表中所有数值应按有关取位原则进行正确取位。

(8)表格应加上必要的说明。实验室所给的数据或查得的单项数据应列在表格的上部,说明写在表格的下部。

2. 图示与图解法

1)图示法

图示法是指在坐标纸上用图线表示被测量之间关系的方法。图示法有简明、形象、直观、便于比较研究实验结果等优点,它是一种最常用的数据处理方法。

图示法的基本规则如下:

(1)根据函数关系选择适当的坐标纸(如直角坐标纸、单对数坐标纸、双对数坐标纸、极坐标纸等)和比例,画出坐标轴,标明物理量符号、单位和刻度值,并写明测试条件。

(2)坐标的原点不一定是变量的零点,可根据测试范围加以选择。画坐标分格时,最好使测量数值中最低可靠数字位的一个单位与坐标最小分度相当。纵横坐标比例要恰当,以使图线居中。

(3)描点和连线。根据测量数据,用直尺和笔尖使其函数对应的实验点准确地落在相应的位置。一张图纸上画有几条实验图线时,每条图线应用不同的标记如"+""×""·""△"等符号标出,以免混淆。连线时,要顾及数据点,使曲线呈光滑曲线(含直线),并使数据点均匀分布在曲线(直线)的两侧,且尽量贴近曲线。个别偏离过大的点要重新审核,属过失误差的应剔去。

(4)标明图名,即作好实验图线后,应在图纸下方或空白的明显位置处写上图的名称、作者和作图日期,有时还要附上简单的说明,如实验条件等,使人一目了然。作图时,一般将纵轴代表的物理量写在前面,横轴代表的物理量写在后面,中间用"-"连接。

(5)将图纸粘贴在实验报告的适当位置,便于教师批阅实验报告。

2)图解法

实验图线作出以后,可以由图线求出经验公式。图解法就是根据实验数据作好的图线,用解析法找出相应的经验公式的方法。实验中经常遇到的图线是直线、抛物线、双曲线、指数曲线、对数曲线。特别是当图线是直线时,采用此方法更为方便。

(1)由实验图线建立经验公式的一般步骤如下:

① 根据解析几何知识判断图线的类型。

② 由图线的类型判断公式的可能特点。

③ 利用半对数、对数或倒数坐标纸,把原曲线改为直线。

④ 确定常数,建立起经验公式的形式,并用实验数据来检验所得公式的准确程度。

(2)用直线图解法求直线的方程。如果作出的实验图线是一条直线,则经验公式应为直线方程

$$y = kx + b \tag{0.3.1}$$

要建立此方程,必须由实验直接求出 k 和 b。下面介绍如何采用斜率截距法求 k 和 b。

在图线上选取两点 $A(x_1, y_1)$ 和 $B(x_2, y_2)$,如图 0.3.1 所示。注意不得用原始数据点,而应从图线上直接读取,其坐标值最好是整数值。所取的两点在实验范围内应尽量彼

此分开一些，以减小误差。由解析几何知，上述直线方程中，k 为直线的斜率，b 为直线的截距。k 可以根据两点的坐标求出，即

$$k = \frac{y_2 - y_1}{x_2 - x_1} \qquad (0.3.2)$$

其截距 b 为 $x = 0$ 时的 y 值。若原实验中所绘制的图线并未给出 $x = 0$ 段直线，则可将直线用虚线延长交于 y 轴，从而量出截距。如果起点不为零，也可以由

$$b = \frac{x_2 y_1 - x_1 y_2}{x_2 - x_1} \qquad (0.3.3)$$

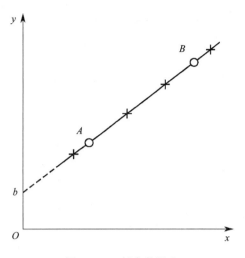

图 0.3.1　斜率截距法

求出截距。将求出的斜率和截距的数值代入式 (0.3.1) 中就可以得到经验公式。

　　3）曲线改直与曲线方程的建立

在许多情况下，函数关系是非线性的，但可通过适当的坐标变换将其转化成线性关系，在图示法中用直线表示。这种方法叫作曲线改直。做这样的变换不仅是由于直线容易描绘，更重要的是直线的斜率和截距所包含的量之间的内涵是我们所需要的。例如：

　　(1) $y = ax^b$（a、b 为常量）可变换成 $\lg y = b\lg x + \lg a$，$\lg y$ 为 $\lg x$ 的线性函数，斜率为 b，截距为 $\lg a$。

　　(2) $y = ab^x$（a、b 为常量）可变换成 $\lg y = (\lg b)x + \lg a$，$\lg y$ 为 x 的线性函数，斜率为 $\lg b$，截距为 $\lg a$。

　　(3) $PV = C$（C 为常量）可变换成 $P = C(1/V)$，P 是 $1/V$ 的线性函数，斜率为 C。

　　(4) $y^2 = 2px$（p 为常量）可变换成 $y = \pm\sqrt{2p}\,x^{1/2}$，$y$ 是 $x^{1/2}$ 的线性函数，斜率为 $\pm\sqrt{2p}$。

　　(5) $y = x/(a + bx)$（a、b 为常量）可变换成 $1/y = a(1/x) + b$，$1/y$ 为 $1/x$ 的线性函数，斜率为 a，截距为 b。

　　(6) $s = v_0 t + at^2/2$（v_0、a 为常量）可变换成 $s/t = (a/2)t + v_0$，s/t 为 t 的线性函数，斜率为 $a/2$，截距为 v_0。

3. 逐差法

逐差法常应用于处理自变量等间距变化的数据组。逐差法就是把实验测量数据进行逐项相减，或者分成高、低两组实行对应项相减。前者可以验证被测量之间的函数关系，随测随检，及时发现数据差错和数据规律；后者可以充分利用数据，具有对数据取平均和减少相对误差的效果。

4. 平均法

平均法是处理方程组中方程的数目多于变量个数的一种方法。它把几个数据归并，并求出其平均值，使方程组中方程的数目与变量的个数相同，然后解出代数方程组，求得结果。平均法处理数据方法简便，特别是对一元线性问题，能得到较好的结果。

例如，伏安法测电阻得一组实验数据如表 0.3.1 所示。

表 0.3.1　伏安法测电阻实验数据

U/V	I/mA
0.00	0.00
2.00	3.85
4.00	8.15
6.00	12.05
8.00	15.80
10.00	19.90

由 $R=U/I$，若令 $I=a_1U+a_0$，求出 a_1 和 a_0，则有 $R=1/a_1$，且 $a_0=0$。若将 I、U 数据代入 $I=a_1U+a_0$ 中，得方程组

$$\begin{cases} 0.00=0.00a_1+a_0 \\ 3.85=2.00a_1+a_0 \\ 8.15=4.00a_1+a_0 \\ 12.05=6.00a_1+a_0 \\ 15.80=8.00a_1+a_0 \\ 19.90=10.00a_1+a_0 \end{cases} \tag{0.3.4}$$

依次将方程组(0.3.4)中的方程分成前后两大组(三个式子为一大组)，然后将每一大组各方程的等号两边相加，即前组相加得

$$12.00=6.00a_1+3a_0$$

后组相加得

$$47.75=24.00a_1+3a_0$$

解联立方程组得

$$\begin{cases} a_1=\dfrac{47.75-12.00}{24.00-6.00}=1.986 \\ a_0=\dfrac{12.00-6.00\times1.986}{3}=0.028 \end{cases} \tag{0.3.5}$$

故

$$\begin{cases} R=\dfrac{1}{a_1}=\dfrac{1}{1.986\times10^{-3}}=503.5\ \Omega \\ a_0=0.028\approx0 \end{cases} \tag{0.3.6}$$

实验结果与欧姆定律基本一致。

5. 最小二乘法

把实验数据和结果绘成图表固然可以表现出各种被测量间的规律，但用图表往往不如用函数表示来得明确和方便。从实验的测量数据中求出被测量之间的经验方程，叫方程的回归或拟合。

方程的回归问题首先要确定函数的形式，而函数的形式一般是根据理论或者从实验数据变化的趋势去推断的。如 y 与 x 间呈线性关系时，函数形式为 $y=b_0+b_1x$；呈指数关系时，函数形式为 $y=c_1\mathrm{e}^{c_2x}+c_3$ 等；当函数关系不清楚时，常用多项式 $y=b_0+b_1x+b_2x^2+$

$\cdots+b_n x^n$ 表示。式中 b_0，b_1，b_2，$\cdots$，b_n，c_1，c_2，c_3 均为常数。所以，回归问题就是用实验数据来确定以上各方程中的待定常数的问题。

1805 年，Legendre 提出了最小二乘法，然后高斯在解决一系列等精度测量的最佳值问题时建立了最小二乘法的原理：最佳值乃是使各次测量值的误差平方和为最小的那个值，即

$$S = \sum_{i=1}^{n} (y_i - \hat{y}_i)^2 \to \min \qquad (0.3.7)$$

设某一实验中，可控制的被测量取 x_1，x_2，$\cdots$，x_n 时，通过测量得到一组相互独立的测量值 y_1，y_2，$\cdots$，y_n。假设 x、y 呈线性关系，而理论上或函数关系上这些 x_i 对应的值为 $\hat{y}_1$，$\hat{y}_2$，$\cdots$，$\hat{y}_i$。假设 y_i 值存在测量误差，而 x_i 值的测量是准确的，或认为 x_i 的测量误差相对于 y_i 的测量误差可忽略不计。这样，只要 $\hat{y}_i$ 和 y_i 之间的误差平方和为最小，即表示最小二乘法所拟合的直线是最佳的。如果设法确定直线方程中的待定斜率 a 和待定截距 b，该直线也就确定了。所以，解决直线拟合的问题，也就成为如何由实验数据 $(x_i，y_i)$ 来确定 a、b 的问题了。

将 $\hat{y}_i = ax_i + b$ 代入式 (0.3.7)，得

$$S(a, b) = \sum_{i=1}^{n} (y_i - ax_i - b)^2 \to \min \qquad (0.3.8)$$

式中的 y_i 和 x_i 是测量值，都是已知量，而 a 和 b 是待求的，因此 S 实际上是 a 和 b 的函数。令 S 对 a 和 b 的一阶偏导数为零，即可解出满足上式的 a、b 值：

$$\begin{cases} \dfrac{\partial S}{\partial a} = -2 \sum_{i=1}^{n} (y_i - ax_i - b) x_i = 0 \\[2mm] \dfrac{\partial S}{\partial b} = -2 \sum_{i=1}^{n} (y_i - ax_i - b) = 0 \end{cases} \qquad (0.3.9)$$

将上式展开，并令

$$\begin{cases} \bar{x} = \dfrac{1}{n} \sum_{i=1}^{n} x_i \\[3mm] \bar{y} = \dfrac{1}{n} \sum_{i=1}^{n} y_i \\[3mm] \overline{x^2} = \dfrac{1}{n} \sum_{i=1}^{n} x_i^2 \\[3mm] \overline{xy} = \dfrac{1}{n} \sum_{i=1}^{n} x_i y_i \end{cases} \qquad (0.3.10)$$

则

$$\begin{cases} \bar{x} a + b = \bar{y} \\[2mm] \overline{x^2} a + \bar{x} b = \overline{xy} \end{cases} \qquad (0.3.11)$$

解式 (0.3.11)，得

$$a = \frac{\overline{xy} - \bar{x} \cdot \bar{y}}{\overline{x^2} - \bar{x}^2} \qquad (0.3.12)$$

$$b = \bar{y} - a\bar{x} \qquad (0.3.13)$$

由式(0.3.13)可以看出，最佳拟合直线必然也通过$(\bar{x}, \bar{y})$这一点。所以，在用图示法进行直线拟合时，应将点$(\bar{x}, \bar{y})$在图上标出，以此点为轴心画一直线，使实验点均匀分布在直线两侧。

在实验中，若两个量x、y之间不是直线关系而是某种曲线关系，则可将曲线改直后再用最小二乘法进行直线拟合。

应当指出的是，当两个变量x、y之间不存在线性关系时，同样用最小二乘法也可以拟合出一直线，但这毫无实际意义。只有当两个变量密切存在线性关系时，才应进行直线拟合。为了检查实验数据的函数关系与得到的拟合直线符合的程度，数学上引入了线性相关系数γ来进行判断。γ定义为

$$\gamma = \frac{\overline{xy} - \bar{x} \cdot \bar{y}}{\sqrt{(\overline{x^2} - \bar{x}^2)(\overline{y^2} - \bar{y}^2)}} \tag{0.3.14}$$

γ值越接近于1，说明x和y的线性关系越好；$\gamma = 1$，说明x和y完全线性相关，即(x_i, y_i)全部都在拟合直线上。γ值越接近于0，说明x和y的线性关系越差；$\gamma = 0$，说明x与y间不存在线性关系。在实验中，一般$\gamma \geqslant 0.9$时，认为两个量间存在较密切的线性关系。

0.3.2　常用实验数据处理软件

在实验过程中，对实验数据进行处理与分析是必不可少的。传统的数据处理常采用手工计算作图，或者使用简单的计算器。随着现代教育技术的快速发展，实验教学的方式方法发生了较大的变化，尤其是计算机技术的发展，为实验数据的采集和处理带来了极大的方便。特别是在较复杂的数据处理过程中，使用计算机数据处理软件这一现代化的手段，可以省去大量繁杂的人工计算工作，减少中间环节的计算错误，提高效率，节约时间。本节主要介绍如何应用中文版的 Excel、Matlab 及 Origin 等软件对实验数据进行处理。

1. 用 Excel 处理实验数据

Excel 是 Microsoft Office 的一个重要组件，它是一种高效的数据分析与制作图表的工具。用户可以使用 Excel 对输入的数据进行组织、分析，并将数据美观地展现在用户的面前。由于 Excel 内置了许多数值计算与数据分析的功能函数，因此它也是一种方便的实验数据处理软件。

1) Excel 软件的运行

要运行 Excel，首先要在计算机上启动该程序，只有进入其操作界面后，才能进行各种操作。下面以 Excel 2003 为例来介绍。单击"开始"按钮，在"程序"选项右侧的子菜单中选择"Microsoft Office Excel 2003"项，屏幕上会出现一张空白工作表，如图 0.3.2 所示，这表明用户已经进入了 Excel，可以在 Excel 中进行各种操作了。

2) Excel 的工作界面

Excel 的工作界面主要由菜单栏、工具栏、编辑栏和工作表组成。

菜单栏中包含"文件""编辑""视图"等9个选项，每个选项都有一个下拉菜单。"常用"工具栏由一组常用命令按钮组成，如"打开""保存"等。"格式"工具栏提供了对输入数据进行格式化的一组命令按钮，例如"字体""下划线"等。编辑栏显示了活动单元的内容。工作表用来输入数据，其右侧及底部各有一个滚动条，可利用它们来查看工作表中的内容。

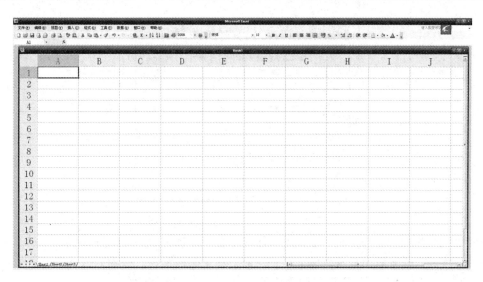

图 0.3.2　Excel 的工作界面

3）Excel 的常用函数及计算工具

Excel 内置了很多用于数值计算与数据分析的功能函数，其常用函数可在"插入"菜单的"函数"子菜单中选取。实验数据处理时，常用的函数如表 0.3.2 所示。

表 0.3.2　常用函数

函　　数	功　　能	函　　数	功　　能
SQRT	求平方根	POWER	求幂
AVERAGE	求平均值	STDEV	求给定样本的标准差
SLOPE	求直线的斜率	INTERCEPT	求直线的截距
CORREL	求相关系数	DEVSQ	求偏差的平方和

除此之外，Excel 还包含一些常用计算工具，利用这些工具可直接对实验数据进行处理。例如，用"回归工具"可求解最小二乘法中相关系数 a 和 b 及其不确定度。常用的计算工具可在"工具"菜单的"数据分析"子菜单中选取。

4）用 Excel 求测量数据列的平均值及不确定度

利用 Excel 中的常用函数 AVERAGE、STDEV、SQRT 等可以求实验的多次测量值的平均值及不确定度。

例 0.3.1　用螺旋测微器测量小钢球直径，8 次的测量值分别为：$d(\mathrm{mm})=2.125$，2.131，2.121，2.127，2.124，2.126，2.123，2.129。螺旋测微器的零点读数 d_0 为 0.008，最小分度数值为 $0.01 \mathrm{~mm}$，试写出测量结果的标准式。

解　在 Excel 工作表中设定实验项目和数据输入项，然后将以上数据依次填入数据表格中。图 0.3.2 中 A3:A10 是测量次数单元格；B3:B10 是测量原始数据单元格；D3 是测量平均值单元格；E3 是测量列标准差单元格；F3 是平均值标准差单元格；G3 是 B 类不确定度单元格；H3 是总不确定度单元格。在规划区域输入测量原始数据，单击"插入"菜单中的"f_x 函数"命令，在"统计"中选择"AVERAGE"函数，如图 0.3.3 所示，单击"确定"按钮。

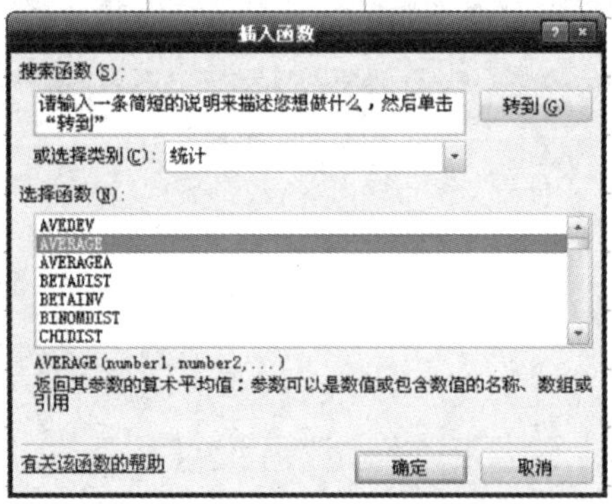

图 0.3.3　插入 AVERAGE 函数框图

弹出一个确定 AVERAGE 计算区域的对话框，如图 0.3.4 所示，输入"B3:B10"，单击"确定"按钮，即显示出计算结果，即平均值。或者在编辑栏直接输入公式"＝AVERAGE(B3:B10)"，按回车键，同样可得到平均值，如图 0.3.5 所示，即

$$\bar{L} = \text{AVERAGE}(B3:B10) = \frac{1}{8}\sum_{i=1}^{8} x_i = 2.1258 \text{ mm} \qquad (0.3.15)$$

图 0.3.4　确定 AVERAGE 计算区域框图

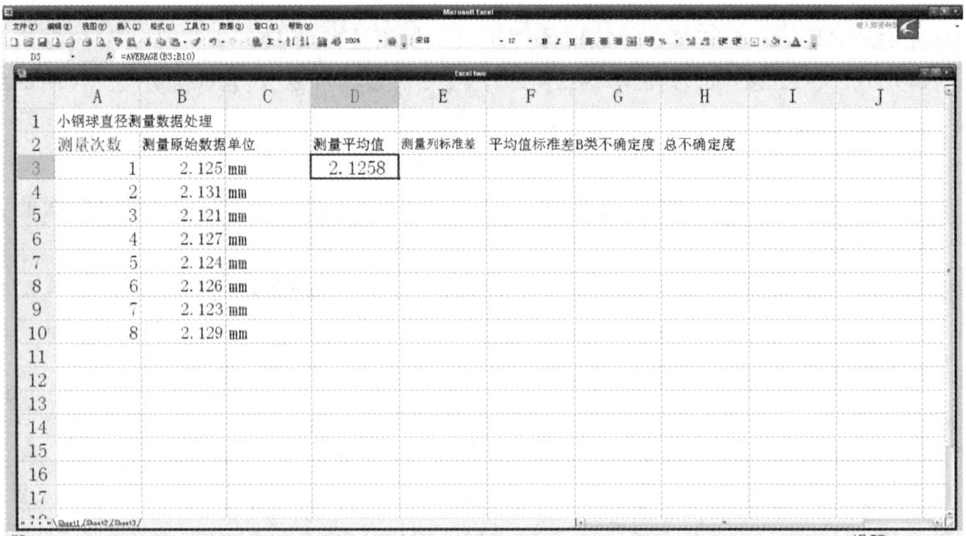

图 0.3.5　求测量列数据平均值框图

同理，可得标准差，如图 0.3.6 所示，即

$$\sigma_L = \mathrm{STDEV(B3:B10)} = \sqrt{\frac{1}{8-1}\sum_{i=1}^{8}(x_i - 2.1258)^2} = 0.0032\ \mathrm{mm} \qquad (0.3.16)$$

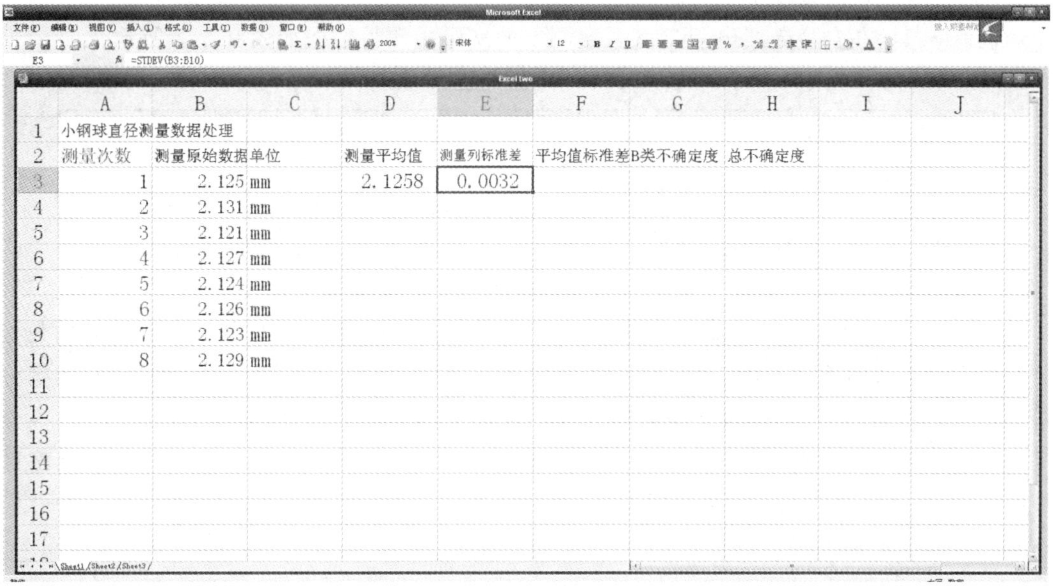

E3　=STDEV(B3:B10)

	A	B	C	D	E	F	G	H
1	小钢球直径测量数据处理							
2	测量次数	测量原始数据	单位	测量平均值	测量列标准差	平均值标准差	B类不确定度	总不确定度
3	1	2.125	mm	2.1258	0.0032			
4	2	2.131	mm					
5	3	2.121	mm					
6	4	2.127	mm					
7	5	2.124	mm					
8	6	2.126	mm					
9	7	2.123	mm					
10	8	2.129	mm					

图 0.3.6　求测量列标准差框图

由 STDEV 函数(即贝塞尔公式)计算的 σ_L 是测量列每次测量值的标准差。要求测量列平均值的标准差，只需将 σ_L 除以测量次数 n 的平方根即可，如图 0.3.7 所示，即

$$\sigma_{\bar{L}} = \frac{\mathrm{E3}}{\mathrm{SQRT(8)}} = \frac{\sigma_L}{\sqrt{8}} = 0.0011\ \mathrm{mm} \qquad (0.3.17)$$

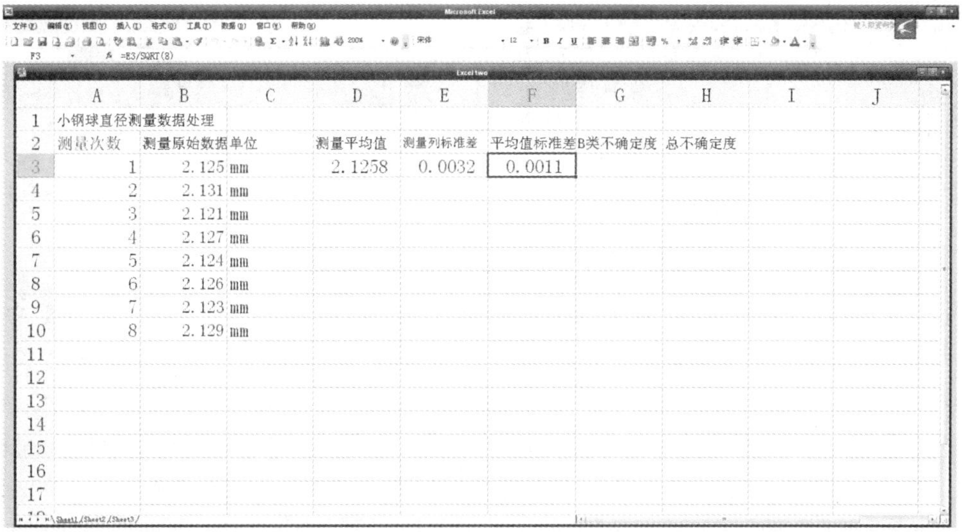

F3　=E3/SQRT(8)

	A	B	C	D	E	F	G	H
1	小钢球直径测量数据处理							
2	测量次数	测量原始数据	单位	测量平均值	测量列标准差	平均值标准差	B类不确定度	总不确定度
3	1	2.125	mm	2.1258	0.0032	0.0011		
4	2	2.131	mm					
5	3	2.121	mm					
6	4	2.127	mm					
7	5	2.124	mm					
8	6	2.126	mm					
9	7	2.123	mm					
10	8	2.129	mm					

图 0.3.7　求测量列平均值的标准差框图

5）用 Excel 处理直线拟合问题

在用最小二乘法处理实验数据时，计算量大，显得很烦琐。利用 Excel 的常用函数 CORREL、INTERCEPT、SLOPE 等可以很方便地求解最小二乘法拟合直线的主要参数，即相关系数、斜率和截距等。

例 0.3.2　在合金导线电阻温度系数测定的实验中测得数据如表 0.3.3 所示。

表 0.3.3　电阻与温度值表

次数 n	1	2	3	4	5	6	7	8
电阻 R/Ω	10.35	10.51	10.64	10.76	10.94	11.08	11.22	11.36
温度 $t/℃$	5.0	10.0	15.0	20.0	25.0	30.0	35.0	40.0

已知 R 和 t 的函数关系式为 $R=a+bt$，试用最小二乘法求出 a、b 的值。

解　在 Excel 工作表中输入实验标题和实验数据项目名称，然后将温度和电阻的数据分别输入 A3:A10 及 B3:B10 中。单击"工具"菜单中的"数据分析"命令，在弹出的"数据分析"对话框的"分析工具"列表框中选择"回归"，单击"确定"按钮，如图 0.3.8 所示。

在弹出的"回归"对话框的"输入"域中，分别输入 Y 值和 X 值的数据所在的单元格区域，在"输出选项"域中选择"输出区域"单选按钮并输入要显示结果的单元格，单击"确定"按钮，如图 0.3.9 所示。

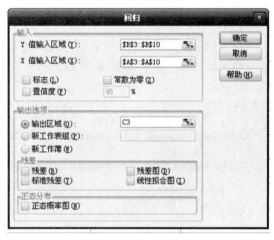

図 0.3.8　"数据分析"对话框　　　　　　图 0.3.9　"回归"对话框

这样，线性回归分析的很多计算数值都显示出来了，其中有实验数据处理所要求的线性回归方程的常数、相关系数等，如图 0.3.10 所示。"Multiple"行中显示的是相关系数 $\gamma=0.999\,441$，"Coefficient"列中 D19 及 D20 单元格显示的是线性回归方程的参数，截距 $a=10.208\,21$，斜率 $b=0.028\,857$；"标准误差"行中显示的是测量值 y_i 的标准差 $\sigma_y=0.012\,771$，"标准误差"列中两个单元格显示的是截距 a 和斜率 b 的标准差 $\sigma_a=0.009\,951$，$\sigma_b=0.000\,394$。

也可以用另一种形式计算线性回归方程的常数、相关系数等。将原始数据输入工作表后，选定活动单元格作为 γ、a、b 输出数据单元格，再分别在相关系数 γ 的数据格中输入

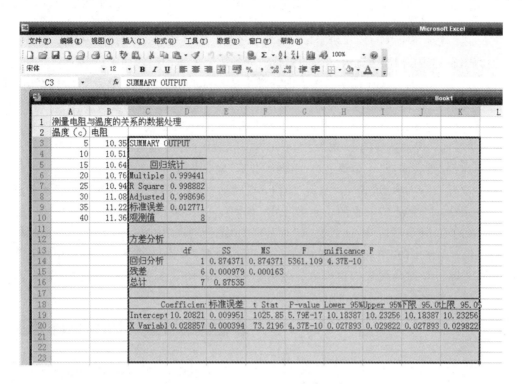

图 0.3.10　回归分析结果

"＝CORREL(A3:A10，B3:B10)"，在截距 a 的数据格中输入"＝INTERCEPT(B3:B10，A3:A10)"，在斜率 b 的数据格中输入"＝SLOPE(B3:B10，A3:A10)"，按回车键后，在这些数据格中即显示出计算机用最小二乘法算出的相关系数 γ、截距 a 及斜率 b 的数值，如图 0.3.11 所示，即

$$\gamma = CORREL(A3:A10，B3:B10) = 0.999\ 441$$
$$a = INTERCEPT(B3:B10，A3:A10) = 10.208\ 21\ \Omega$$
$$b = SLOPE(B3:B10，A3:A10) = 0.028\ 85\ \Omega/^{\circ}C$$

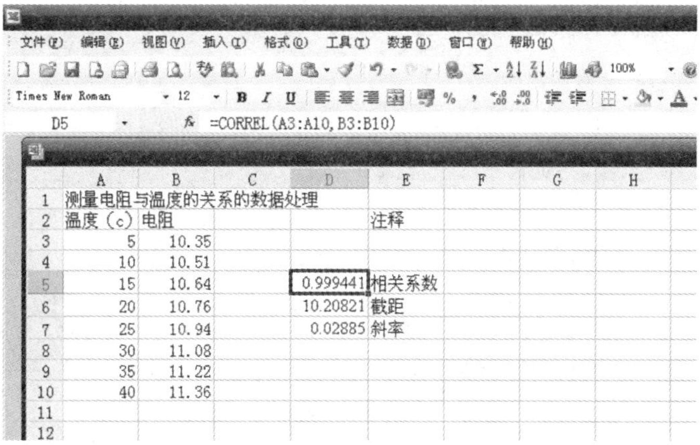

图 0.3.11　用函数计算直线拟合参数

6) 用 Excel 图表工具作图

Excel 不仅具有很强的计算功能,而且具有较强的图表功能,可以根据需要,将数据与各类型的图表链接,使图表随着输入的实验数据的改变而作动态的变化。

仍以例 0.3.2 为例来介绍实验图表的处理方法。在工作表中输入实验原始数据后,单击"插入"菜单中的"图表"命令,在弹出的"图表向导-4 步骤之 1-图表类型"对话框的"标准类型"标签下的"图表类型"窗口列表中选择"XY 散点图",在"子图表类型"中选择散点图(作校准曲线时,应选折线图),单击"下一步"按钮,如图 0.3.12 所示。

在弹出的"图表向导-4 步骤之 2-图表源数据"对话框中,单击"系列"标签,在"系列"列表框中删除原有内容后,单击"添加"按钮,按对话框要求,在"X 值"和"Y 值"编辑框中输入自变量 X、因变量 Y 所在的单元格区域,如图 0.3.13 所示,单击"下一步"按钮;在弹出的"图表向导-4 步骤之 3-图表选项"对话框的"图例"标签中显示图例,并选择位置(见图 0.3.14);在弹出的"图表向导-4 步骤之 3-图表选项"对话框的"标题"标签中填写图表的标题、X 轴和 Y 轴所代表的物理量的名称和单位,如图 0.3.15 所示,单击"完成"按钮后,即可显示如图 0.3.16 所示的散点图。

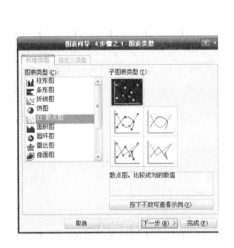

图 0.3.12　选择散点图

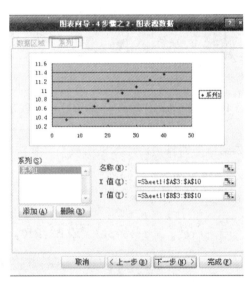

图 0.3.13　图表源数据输入

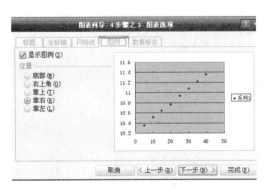

图 0.3.14　图表选项的"图例"标签

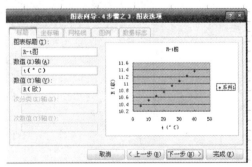

图 0.3.15　图表选项的"标题"标签

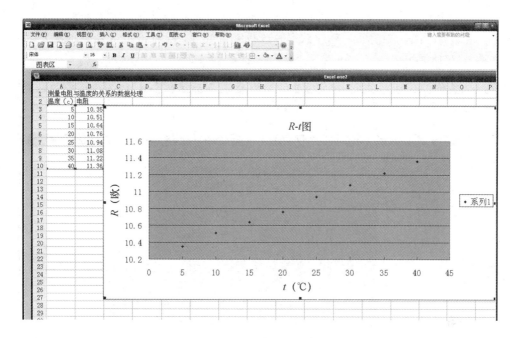

图 0.3.16　R-t 散点图

单击"图表"菜单中的"添加趋势线"命令，在弹出的"添加趋势"对话框中单击"类型"标签后，根据实验数据所体现的关系或规律，从"线性""乘幂""对数""指数""多项式"等类型中选择一适当的拟合图线。单击"选项"标签，在"趋势预测"域中通过前推和倒推的数字增减框可将图线按需要延长，以便能应用外推法；选中"显示公式"复选按钮，可得出图线的经验公式，省去了求常数的过程；选中"显示 R 平方值"复选按钮，可得出相关系数的平方值，以判别拟合图线是否合理。单击"确定"按钮后，即可显示如图 0.3.17 所示的图形。

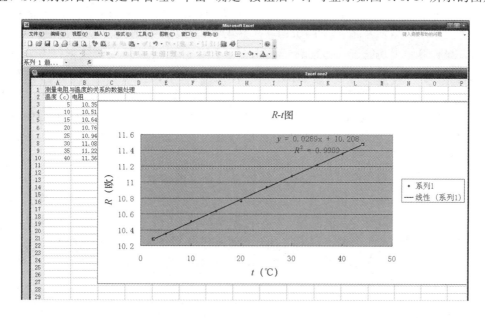

图 0.3.17　R-t 线性趋势图

这时的图线并不符合实验作图的要求，还可通过"图表选项"中的"坐标轴""网格线"、"数据标志"等对话框，对标度、有效数字等进行编辑处理，即可得出符合图示法要求的图形，如图 0.3.18 所示。

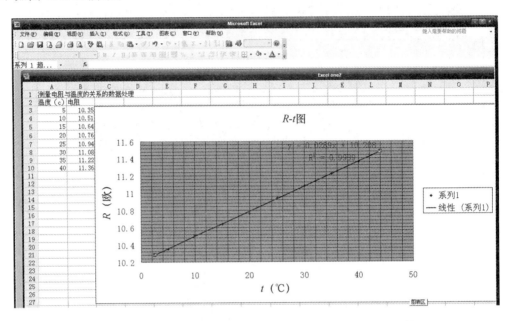

图 0.3.18 符合图示法要求的 R-t 图

利用 Excel 不仅可以直接对本课程的实验数据进行处理，还可以用它开发专用于某一学科的实验数据处理软件。同学们如有兴趣，可自行研究。

2. 用 Matlab 处理实验数据

Matlab 是 MathWorks 公司于 1984 年推出的一款科学计算软件，现已成为国际公认的最优秀的科技应用软件之一。Matlab 软件是集数值计算、符号运算及出色的图形处理、程序语言设计等强大功能于一体的科学技术语言。用 Matlab 处理实验数据仅需编写十几行类似通常笔算式的简练程序，运行后就可得到所需的结果。利用 Matlab 软件进行数值运算和作图都很方便，编写程序也不复杂，并且提供了多种库函数以备调用。可以说 Matlab 为众多实验教学提供了一个良好的工作平台，不仅能使学生在轻松、和谐的教学氛围中快捷地完成本来枯燥无味、复杂的数据处理，而且能快速地检验实验数据的优劣程度。

实验数据处理过程中常用的 Matlab 函数主要有绘图函数(plot、polar 等)、均值函数(mean)、极值函数(max、min)、标准差函数(std)、曲线拟合等，还可以通过简单编程，实现一些基本数据处理方法，如逐差法、最小二乘法等。以上这些操作，均可在 Matlab 命令窗口中实现。下面通过几个例子简单学习一下如何利用 Matlab 进行数据处理。

以例 0.3.1 测量误差的计算为例。首先输入数据，如图 0.3.19 所示。

之后分别输入以下命令：

```
>> x_mean=mean(x)                  %将数据 x 的平均值赋给 x_mean
>> x_std=std(x)                    %将数据 x 的测量列的标准差赋给 x_std
>> x_mstd=x_std/sqrt(length(x))    %将数据 x 的测量列的平均值的标准差赋给 x_mstd
```

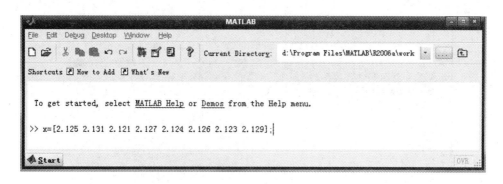

图 0.3.19　测量数据输入

即可得到所有要求的数据，即测量小钢球直径的平均值、单次测量标准差、测量列平均值的标准差，如图 0.3.20 所示。其中"＞＞"是命令提示符，"％"后跟的是说明性文字。

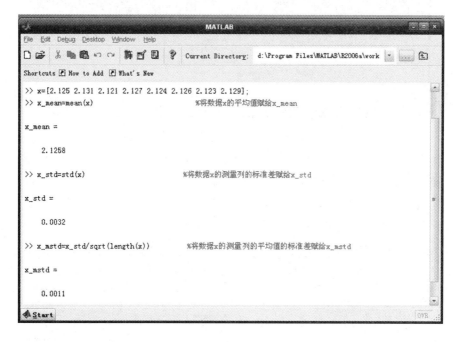

图 0.3.20　Matlab 数据处理

3. 用 Origin 处理实验数据

Origin 是由 OriginLab 公司（其前身为 MicroCal 公司）开发的一款科技绘图及数据分析处理软件，它在 Windows 平台下工作，可以完成实验常用的数据处理（不确定度计算、绘图和曲线拟合等）工作。这里不对该软件的使用做系统的介绍，只结合几个例子说明 Origin 7.5 软件在实验数据处理中常用到的几项功能。

1）测量误差计算

还是以本章例 0.3.1 为例，现在用 Origin 来处理测量数据。Origin 中把要完成的一个数据处理任务称作一个"工程"（project），当我们启动 Origin 或在 Origin 窗口下新建一个工程时，软件将自动打开一个空的数据表，它的默认形式为 A[X]和 B[Y]两列，如图 0.3.21 所示。

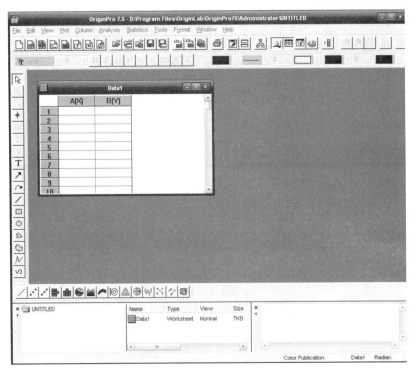

图 0.3.21　一个打开的 Origin 数据表

将 8 次测量值输入数据表的 A 列(或 B 列),用鼠标单击"A[X]",选中该列,单击"Statistics"菜单,在下拉菜单选项中选择"Descriptive Statistics"项下的"Statistics on Columns",如图 0.3.22 所示,瞬间就可完成直径平均值(Mean)、单次测量值的标准差 σ_x(软件记作 sd)、平均值的标准差 $\sigma_{\bar{x}}$(软件记作 se)的统计计算,其结果如图 0.3.23 所示。

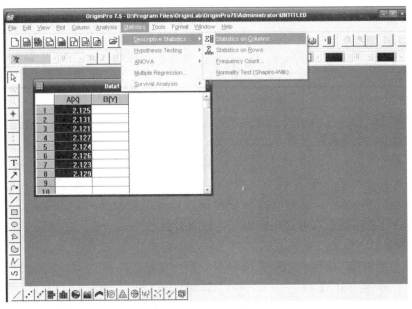

图 0.3.22　单击"Statistics on Columns"菜单的过程

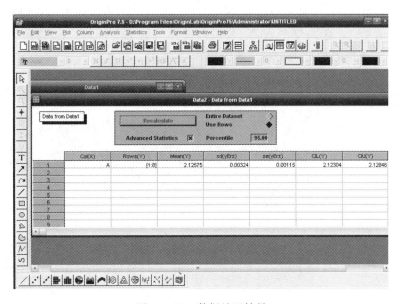

图 0.3.23　数据处理结果

2）图形的拟合

以本章例 0.3.2 为例，在合金导线电阻温度系数测定的实验中测得数据如表 0.3.3 所示。

已知 R 和 t 的函数关系式为 $R = a + bt$，试用 Origin 软件作图，分析 R 与 t 之间的关系，并确定 a、b 的值。

启动 Origin，出现一个空的数据表 Data1，该表分为 A[X] 和 B[Y] 两列，将温度 t 的数据输入 A[X] 列，将电阻 R 的数据输入 B[Y] 列，如图 0.3.24 所示。

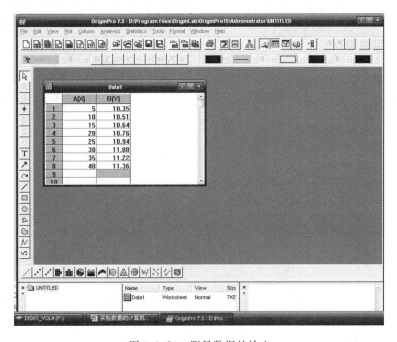

图 0.3.24　测量数据的输入

单击"Plot"菜单，在下拉菜单中选"Scatter"，弹出一个设置图形坐标轴对话框，在 X 轴列中用鼠标点"A"，意味着将 A[X]数据列设为 X 变量。同样，在 Y 轴列中用鼠标点"B"，则将 B[Y]数据列设为 Y 变量，如图 0.3.25 所示。

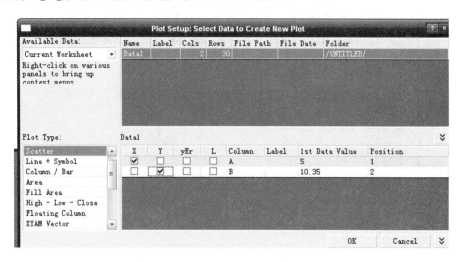

图 0.3.25　设置 X、Y 变量

单击图 0.3.25 中的"OK"按钮，出现实验数据的 Scatter 图(即散点图)，如图 0.3.26 所示。

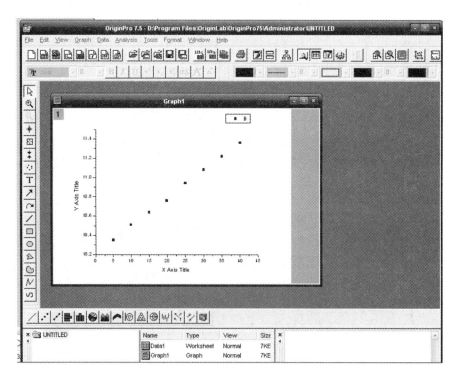

图 0.3.26　实验数据的 Scatter 图

在图形窗口下用鼠标单击"Analysis"菜单下的"Fit Linear"(注：图形窗口下的

Analysis 下拉菜单内容和数据表窗口下的 Analysis 下拉菜单内容不一样），就会初步完成直线 $Y=A+BX$ 的拟合，如图 0.3.27 所示。在拟合图形的右下方计算出 A、B 值及 Y 的标准差 $\sigma(Y)$（SD），A、B 的标准差 $\sigma(A)$、$\sigma(B)$（Error）和相关系数 γ（R），拟合直线参数如图 0.3.28 所示。

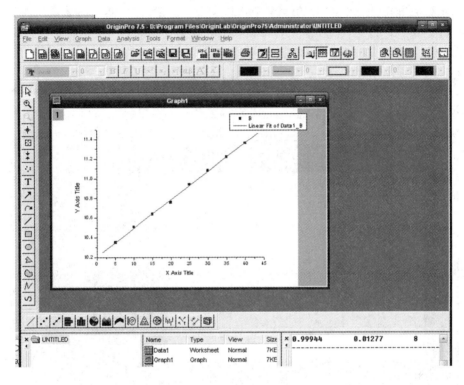

图 0.3.27　初步拟合测量数据点

```
× [2009-8-3 15:36 "/Graph1" (2455046)]
Linear Regression for Data1_B:
Y = A + B * X

Parameter     Value        Error
--------------------------------------------------
A             10.20821     0.00995
B             0.02886      3.94118E-4
--------------------------------------------------

R             SD           N            P

0.99944       0.01277      8            <0.0001
--------------------------------------------------
```

图 0.3.28　拟合直线的参数显示

　　本例 R 和 t 的关系为 $R=a+bt$，由此可得到 $R=10.208\,21+0.028\,86t$，即截距 a 的大小为 10.208 21，斜率 b 的大小为 0.028 86，R 的标准差 $\sigma(R)$（SD）为 0.012 77，相关系数 γ（R）为 0.999 44。

Origin 默认将图的原点设在第一个数据点的左下方,但是可以改变这一设置。在
"Format"下拉菜单中单击"Axis"→"X Axis",可以修改 X 轴的起止点和坐标示值增量;同
样,单击"Axis"→"Y Axis",也可以修改 Y 轴的起止点和坐标示值增量。此外,单击"Axis
Titles"→"X Axis Titles"和"Axis Titles" →"Y Axis Titles"项可以修改两坐标轴的说明。
图 0.3.28 右上角有一个文本框,用鼠标双击该文本框的空白处,即可修改框内内容。单击
左边工具条上的"T"按钮,在任意位置单击,还可以建立一个新的文本框,在文本框中可
以输入必要的说明。修改后的拟合图如图 0.3.29 所示。

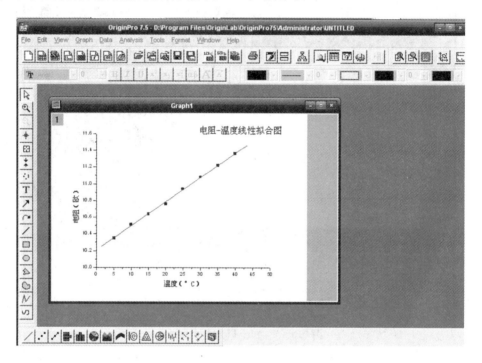

图 0.3.29 修改后的拟合图

根据以上步骤,可以画出一些常用函数图形,如三角函数、指数、对数等;也可以利用
Origin 具有的多种常用函数曲线拟合功能,画出曲线拟合图形;还可以自定义函数,并拟
合图形。当然,Origin 的功能远不止这些,可以通过软件使用手册或软件的"帮助文件"了
解其更多的功能。

0.4 实验中常见故障的分析与处理

故障是不希望但又是不可避免的电路异常工作状况。分析、寻找和排除故障是电气工
程人员必备的实际技能。

对于一个复杂的系统来说,要在大量的元器件和线路中迅速、准确地找出故障是不容
易的。一般故障诊断过程,就是从故障现象出发,通过反复测试,作出分析判断,逐步找出
故障的过程。

1. 故障现象和产生故障的原因

故障产生的原因很多，情况也很复杂，有的是由一种原因引起的简单故障，有的是由多种原因相互作用而引起的复杂故障。引起故障的原因很难简单分类，这里只进行一些粗略的分析。

（1）定型产品使用一段时间后出现故障，故障原因可能是元器件损坏，连线发生短路或断路（如焊点虚焊，接插件接触不良，可变电阻器、电位器、半可变电阻等接触不良，接触面表面镀层氧化等），或使用条件发生变化（如电网电压波动，过冷或过热的工作环境等）影响电子设备的正常运行。

（2）对于新设计安装的电路来说，故障原因可能是：实际电路与设计的原理图不符；元件使用不当或损坏；设计的电路本身就存在某些严重缺陷，无法满足技术要求；连线发生短路或断路等。

（3）仪器使用不正确引起的故障，如示波器使用不正确而造成的波形异常或无波形，共地问题处理不当而引入的干扰等。

（4）各种干扰引起的故障。

2. 检查故障的一般方法

查找故障的顺序可以从输入到输出，也可以从输出到输入。查找故障的一般方法有：

（1）直接观察法。直接观察法是指不用任何仪器，利用人的视、听、嗅、触等作为手段来发现问题，寻找和分析故障。

直接观察包括不通电检查和通电观察。

不通电检查应注意：仪器的选用和使用是否正确；电源电压的数值和极性是否符合要求；电解电容的极性、二极管和三极管的引脚、集成电路的引脚有无错接、漏接、互碰等情况；布线是否合理；印刷板有无断线；电阻、电容有无烧焦和炸裂等。

通电观察时主要观察元器件有无发烫、冒烟，变压器有无焦味，示波管灯丝是否亮，有无高压打火等。

（2）用万用表检查静态工作点。

电子电路的供电系统中，电子管或半导体三极管、集成电路的直流工作状态（包括元器件引脚、电源电压）、线路中的电阻值等都可用万用表测定。当测得值与正常值相差较大时，经过分析可找到故障。

静态工作点也可以用示波器的"DC"输入方式测定。用示波器的优点是内阻高，能同时看到直流工作状态和被测点上的信号波形以及可能存在的原干扰信号及噪声电压等，更有利于分析故障。

（3）信号寻迹法。

对于各种较复杂的电路，可在输入端接入一个一定幅值、适当频率的信号，用示波器由前级到后级（或者相反），逐级观察波形及幅值的变化情况，如哪一级异常，则故障就在该级。这是深入检查电路的方法。

（4）对比法。

怀疑某一电路存在问题时，可将此电路的参数与工作状态和相同的正常电路中的参数（或理论分析的电流、电压、波形等）进行一一对比，从中找出电路中的不正常情况，进而分析故障原因,判断故障点。

(5) 部件替换法。

有时故障比较隐蔽,不能一眼看出,若这时手中有与故障产品同型号的产品,可以用工作正常产品中的部件、元器件、插件板等替换有故障产品中的相应部件,以便缩小故障范围,进一步查找故障。

(6) 旁路法。

当有寄生振荡现象时,可以利用适当容量的电容器,选择适当的检查点,将电容临时跨接在检查点与参考接地点之间。如果振荡消失,则表明振荡产生在此附近或前级电路中;否则,故障就在后面,再移动检查点寻找之。

应该指出的是,旁路电容要适当,不宜过大,只要能较好地消除有害信号即可。

(7) 短路法。

短路法就是采取临时性短接一部分电路来寻找故障的方法。例如共射极放大电路,用万用表测量三极管的集电极对地无电压。我们怀疑集电极电阻断路,则可以将其两端短路,如果此时有正常的值,则说明故障发生在该电阻上。

(8) 断路法。

断路法用于检查短路故障最有效。断路法也是一种使故障怀疑点范围逐步缩小的方法。例如,某稳压电源接入一个带有故障的电路,使输出电流过大,我们采取依次断开电路的某一支路的办法来检查故障。如果断开该支路后,电流恢复正常,则故障就发生在此支路。

(9) 暴露法。

有时故障不明显,或时有时无,一时很难确定,此时可采用暴露法。检查虚焊时对电路进行敲击就是暴露法的一种。另外,还可以让电路工作一段时间,例如几小时,然后再来检查电路是否正常。这种情况下往往有些临界状态的元器件禁不住长时间工作,就会暴露出问题来,然后对症处理。

0.5　实验室规则及用电安全

1. 实验室规则

实验课和理论课的重要区别之一就是需要仪器设备。学生要在实验室和各种实验仪器打交道。为了保护公共财产,防止出现安全事故,学校实验室制定了相应的规则,希望同学们能理解并自觉遵守。

实验室规则

(1) 每次实验前必须针对本次实验的内容和目的,进行充分、认真的学习,搞清本次实验采用的方法和原理、使用的仪器、测量的内容等,并且会推导有关计算公式,掌握和弄清所用主要仪器的工作原理、各仪器的使用方法、实验的调节和测量步骤及有关注意事项等,在此基础上,写好预习报告。

(2) 认真实验。每次实验必须在规定的时间内按时到实验室完成规定的内容,不得迟到、早退和缺席，原则上不补做。凡因故不能按时做实验的，须持有效证明先到实验室请假，所缺的实验和任课教师协商另行补做。

（3）每次实验必带实验指导书及实验报告本等。

（4）进入实验室后，按教师安排的座位找好自己的实验桌。实验时，一般由教师讲解主要实验原理，主要仪器的工作原理、操作步骤及注意事项，学生要认真听讲。绝不允许在教师讲解时不听讲，动手实验时盲目实验，损坏仪器。

（5）动手实验前，要清点仪器，检查仪器有无问题。发现仪器不够或有问题时，找教师解决，不能自己随意更换仪器。有的易损或易丢失的仪器或材料找教师借领，结束时要归还。凡损坏或丢失仪器者，均按学校有关规定赔偿。

（6）实验中要认真对照指导书和有关资料及仪器，做到心中完全有数后，才开始动手操作或调试仪器。即：要清楚本次实验要测些什么量，各量分别用什么仪器去测，各仪器的测量条件是什么，怎样调节才能满足这些条件，怎样判断这些条件是否已经满足。测到数据后要验算是否合乎要求，不合乎要求的要查出原因或找教师帮助。不能盲目实验，不许违反仪器的操作规程。凡违反规程损坏仪器者，均按学校有关规定处理。

（7）实验中要如实记录实验数据，养成实事求是的科学作风。实验教学的主要目的，不偏重于使学生得到最好的实验结果，而在于通过实验获得工程、实验知识，掌握实验方法，培养实验技能，提高动手能力和独立解决问题、排除实验故障的能力。所得实验结果较差时，只要能找到原因，同样可得到较好的成绩。

（8）实验时，不准大声喧哗吵闹，不得随地吐痰、乱丢纸屑，不准在实验室内抽烟、吃东西等，且每学期每个学生打扫一次实验室。

（9）当实验数据全部测完时，不要急于收拾仪器。应先经自己验收基本合格，然后请教师验收。验收合格后教师签字，再清理仪器，把仪器摆放整齐，并交还临时借用的器件后，方可离开实验室。

（10）实验结束后，要及时、严格、认真地完成实验报告。撰写实验报告时，不许马虎了事，字迹要整齐清洁，并按时交教师批改。由教师签字的原始数据要粘贴在实验报告中一起交给教师。报告上必须写清专业名称、班号、学号和姓名。

2. 实验室用电安全

违章用电可能造成人身伤亡、火灾、损坏仪器设备等严重事故。电工基础实验室使用的电器较多，特别要注意安全用电。表 0.5.1 列出了 50 Hz 交流电通过人体的反应情况。

表 0.5.1　不同电流强度时的人体反应

电流强度/mA	1～10	10～25	25～100	>100
人体反应	麻木感	肌肉强烈收缩	呼吸困难，甚至停止呼吸	心脏心室纤维性颤动，死亡

为了保障人身安全，同学们一定要遵守实验室规则。

1）防止触电

（1）不用潮湿的手接触电器。

（2）电源裸露部分应有绝缘装置（例如电线接头处应裹上绝缘胶布）。

（3）所有电器的金属外壳都应保护接地。

（4）实验时，应先连接好电路后再接通电源。实验结束时，先切断电源再拆电路。

（5）修理或安装电器时，应先切断电源。

（6）不能用试电笔去试高压电。使用高压电源应有专门的防护措施。

（7）如有人触电，应迅速切断电源，然后进行抢救。

2）防止引起火灾

（1）使用的保险丝要与实验室允许的用电量相符。

（2）电线的安全通电量应大于用电功率。

（3）室内若有氢气、煤气等易燃易爆气体，应避免产生电火花。继电器工作和开关电闸时，易产生电火花，要特别小心。电器接触点（如电插头）接触不良时，应及时修理或更换。

（4）如遇电线起火，应立即切断电源，用沙或二氧化碳、四氯化碳灭火器灭火，禁止用水或泡沫灭火器等导电液体灭火。

3）防止短路

（1）线路中各接点应牢固，电路元件两端接头不要互相接触，以防短路。

（2）电线、电器不要被水淋湿或浸在导电液体中，例如实验室加热用的灯泡接口不要浸在水中。

4）电器仪表的安全使用

（1）在使用前，先了解电器仪表要求使用的电源是交流电还是直流电，是三相电还是单相电以及电压的大小（380V、220V、110V或6V）。须弄清电器功率是否符合要求及直流电器仪表的正、负极。

（2）仪表量程应大于待测量。若待测量大小不明，应从最大量程开始测量。

（3）实验之前要检查线路连接是否正确。经教师检查同意后方可接通电源。

（4）在电器仪表使用过程中，如发现有不正常声响，局部温升或嗅到绝缘漆过热产生的焦味，应立即切断电源，并报告教师进行检查。

（5）在电动机使用过程中，如发现有不正常声响，局部温升或嗅到绝缘漆过热产生的焦味，电机倒转，应立即切断电源，并报告教师进行检查。

第 1 章 实验设备

1.1 电工实验装置

电工实验装置主要由电源控制屏、实验桌、实验挂箱等组成。

1.1.1 电源控制屏

电源控制屏为实验提供三相 0～450 V 可调交流电源（同时得到实验所需 0～250 V 可调交流电源），直流电机实验的 40～230 V、3 A 可调电枢电源（可选）和 220 V、0.5 A 励磁电源等。

1. 电源控制屏的启动

（1）控制屏的左侧有一根输入电源线（采用三相四芯电缆线，并已接好三相四芯插头），经过安装在后门内侧的漏电保护器插好三相四线插头，同时接好机壳的接地线，把漏电保护开关合上，接通三相 380 V 交流电源。此时控制屏左侧的三相四芯 380 V 电源插座有电源输出。

（2）将三相自耦调压器的旋转手柄（控制屏左侧面）按逆时针方向旋至零位。

（3）将电压表指示切换开关置于左侧（三相电网电压）。

（4）开启钥匙开关，红色按钮灯亮（即按钮"关"的红色灯亮），三只电压表指示出三相电网线电压之值，左侧面二芯 220 V 电源插座有电源输出。

（5）按下"启动"按钮，红色灯灭，绿色灯亮，同时可听到屏后面交流接触器的瞬间吸合声及电源变压器发出的 50 Hz 交流嗡嗡声。还可看到三相可调交流电源的输出处三只黄、绿、红发光管亮。至此，按钮"关"红灯灭，按钮"开"绿灯亮，控制屏右侧面两处单相三芯 220 V 电源插座有电源输出；当按钮"开"绿灯亮时，控制屏正面挂件处凹槽底部六处单相三芯 220 V 小圆形插座均有电源输出。电源控制屏启动完毕。

2. 三相可调交流电源输出电压的调节

（1）将"指示切换"开关置于右侧（三相调电压），三只电压表指针回到零位。

（2）按顺时针方向缓缓旋动三相自耦调压器的调节旋钮，三只电压表随之偏转，即指示三相可调电压输出端 U、V、W 两相之间的线电压之值，直至调节到某实验内容所需的电压值。实验完毕，将旋钮调回零位。

3. 日光灯的使用

本控制屏上设有照明和实验用的两只 40 W 日光灯管：照明用的日光灯由面板上的照

明开关控制；另一只日光灯管的四个引脚已独立引至屏上，以供日光灯实验用。

4. 直流电机电源(励磁电源、电枢电源)的输出与调节

(1) 励磁电源的启动。开启控制屏左下方励磁电源开关，此时励磁电源"工作"指示灯亮，说明励磁电源正常。将电压指示切换开关置于"励磁电压"一侧，直流电压表指示"励磁电源"电压值约为 220 V(熔丝额定电流为 0.5 A)。

(2) 电枢电源的操作。将电枢电源的"电压调节"电位器按逆时针方向旋到底，并将电压指示"切换开关"置于"电枢电压"一侧，然后将电压指示开关置于"开"，经过 3～4 s 后可听到屏内接触器的瞬间吸合声，此时"工作"指示灯亮，电压表指示"电枢电源"输出电压(熔丝额定电流为 3 A)。

(3) 顺时针旋转电枢电源输出电压调节电位器，输出电压增大，输出调节范围为40～230 V。

(4) 电枢电源的保护系统。电枢电源具有过压、过流、过热及短路保护功能。

① 过压保护。当电源输出电压超过保护设定值(245 V)时，可听到屏内中间继电器瞬时吸合声，自动切断输出回路，此时蜂鸣器响，过压保护指示灯亮，电压表指针慢慢地回到 0 V 位置。在调低电压后，按过压复位按钮，或停机后重新开机，都可恢复正常工作(有4～5 s 延时)。

② 过流保护。当电源输出回路中的电流超过保护设定值(3.3 A)时，交流接触器瞬时动作，自动切断输出回路，此时蜂鸣器响，过流保护指示灯亮，电压指示回零。当增大负载电阻使输出回路中的电流减小到低于 2.5 A 时，电路自动恢复输出电压，正常工作。

③ 过热保护。当电源调整管温度过高时，温度保护器动作，实现过热保护，保护过程类同于过压保护。此时过压指示灯亮，蜂鸣器响。发生过热保护后必须停机，待调整管自然冷，却方可重新开机。

④ 短路保护：当电源开机时输出回路中的电流大于 2.5 A 或输出短路时，电源不能正常启动，此时过流指示灯亮，蜂鸣器响。当增大负载电阻使输出电流减小到低于 2.5 A 时，电源便可正常启动，启动过程同上。

5. 电源控制屏的关闭

实验完毕，按下"关"按钮，绿色指示灯灭，红色指示灯亮，然后关闭三相电源钥匙开关，红色灯灭，最后再检查一下各个开关是否都恢复到"关"的位置，三相调压器是否在零位。

6. 电路的保护

三相电源主电路中设有 10 A 带灯熔断器，熔断器指示灯亮，表明缺相，要及时更换熔管，同时要检查问题所在。三相可调交流电源输出处设有过流保护装置，当电流超过3.5 A 时，系统自动跳闸报警，此时将调压器逆时针方向旋至零位，并检查问题所在。长时间运行时，输出电流不得超过 3 A，否则会损坏三相自耦调压器。控制回路(接触器控制回路，日光灯照明电路，控制屏内外漏电保护装置供电电路，信号插座供电电路及屏右侧面单相三芯插座供电等)设有 1.5 A 熔断器，如控制回路失灵，检查熔管是否完好及故障所在。

1.1.2　实验挂箱

1. DG03 多功能数控智能函数信号发生器

DG03 型多功能数控智能函数发生器是一种新型的以单片机为核心的数控式函数发生器。它可输出正弦波、三角波、锯齿波、矩形波、四脉方列和八脉方列等六种信号波形。通过面板上键盘的简单操作，就可以很方便地连续调节输出信号的频率，并用绿色 LED 数码管直接显示出输出信号的频率值、矩形波的占空比。输出信号波形的各项技术指标都能满足大中专院校电工、电路、模拟和数字电路实验的要求。该仪器还兼有频率计的功能，可精确地测定各种周期信号的频率。

1）技术指标

（1）输出频率范围：正弦波为 1～160 Hz；矩形波为 1 Hz～159 kHz；三角波和锯齿波为 1 Hz～10 kHz；四脉和八脉方列固定为 1 kHz。频率调整步幅：1 Hz～1 kHz 为 1 Hz；1 kHz～10 kHz 为 10 Hz；10 kHz～150 kHz 为 100 Hz。

（2）输出脉宽调节：占空比为 1∶1、1∶3、1∶5 和 1∶7 四挡；输出脉冲前后沿时间：小于 50 ms。

（3）输出幅度调节范围：A 口为 15 mV～17.0 V。

（4）输出阻抗：大于 50 Ω。

（5）频率测量范围：1 Hz～200 kHz。

2）使用操作说明

（1）按"A 口""B 口/B↓"（或"B 口/B↑"）键，选择输出端口。

（2）按"波形""A 口"及"B 口/B↑（或 B 口/B↓）"键，选择波形输出，6 个 LED 发光二极管将分别指示当前输出信号的类型。

（3）在选定矩形波后，按"脉宽"键，可改变矩形波的占空比。此时，用以显示占空比的数码管将依次显示 1∶1、1∶3、1∶5、1∶7。

（4）按"测频/取消"键，该仪器的频率显示窗便转换为测频率的功能。6 只频率显示数码管将显示接在面板"信号输入口"处的被测信号的频率值（"信号输出口"仍保持原来信号的正常输出），此时除"测频/取消"键外，按其他键均无效；只有再按下"测频/取消"键，撤销测频功能后，整个键盘才可恢复对输出信号的操作。

（5）按"粗↑"键或"粗↓"键，可单步改变（调高或调低）输出信号频率值的最高位。

（6）按"中↑"键或"中↓"键，可连续改变（调高或调低）输出信号频率值的次高位。

（7）按"细↑"键或"细↓"键，可连续改变（调高或调低）输出信号频率值的第二次高位。

3）输出幅度调节

A 口幅度调节：顺时针旋转面板上的幅度调节旋钮，将连续增大输出幅度；逆时针旋转面板上的幅度调节旋钮，将连续减小输出幅度；幅度调节精度为 1 mV。

B 口幅度调节：按"B 口/B↑"键将增大输出口幅度；按"B 口/B↓"键将减小输出口幅度。

2. DG04 直流稳压源、恒流源

(1) 将实验挂箱挂在钢管上,并将其移动至合适的位置,插好电源线插头。挂箱在钢管上不能随便移动,否则会损坏电源线及插头等。

(2) 开启挂箱上主电路可调稳压电源开关,指示灯亮。调节"输出粗调"波段开关及"输出细调"旋钮,可在输出端输出 0.0~30 V(分 10 V、20 V、30 V 三挡)连续可调的直流电压。"输出粗调"旋钮平时应置于 10 V 挡。

(3) 输出电压指示:将"显示切换"按键弹起,数码管即会显示左侧可调稳压电源 UB 的输出值。

(4) 恒流源的输出及其调节。将负载接到"输出"两端,开启恒流源开关,指示灯亮,数码管显示恒流值。调节"恒流输出粗调"波段开关和"恒流输出细调"旋钮,可输出三挡连续可调的恒定电流值(其满度分别为 2 mA、20 mA、500 mA)。

(5) 实验完毕,关闭各电源开关。

3. DG05 电路基础实验(一)

该电路提供的实验单元有仪表量程扩展、戴维南定理/诺顿定理验证、电压源与电流源等效变换、最大功率传输条件测定、基尔霍夫定律验证、叠加定理验证、二端口网络/互易定理验证。

4. DG06 受控源、回转器、负阻抗变换器

(1) 将实验挂箱挂在钢管上,并将其移动至适合的位置,插好电源线插头。挂箱在钢管上不能随便移动,否则会损坏电源线及插头等。

(2) 开启面板右下方的电源开关,指示灯亮。

(3) 根据实验指导书的说明和要求,即可着手四类受控源、回转器和负阻抗变压器特性的实验。

(4) 实验完毕,关闭电源开关。

5. DG07 电路基础实验(二)

该电路提供的实验单元有 R、L、C 元件特性及交流电参数测定,RC 串联选频网络,电路状态轨迹的观测,RC 双 T 选频网络,RLC 串联谐振电路,一阶、二阶动态电路。

6. DG08 电路基础实验(三)

(1) 将实验挂箱挂在钢管上,并将其移动至适合的位置,插好电源线插头。挂箱在钢管上不能随便移动,否则会损坏电源线及插头等。

(2) 过压保护。当各灯泡上所加电压超过 250 V 时,保护启动,控制屏跳闸断电,从而避免电压过高损坏灯泡。

(3) 三相负载电路,各相电路均有独立连接,各相均设有 220 V 灯座、电容器、开关及电流插口若干,36 V/220 V 的升压铁芯变压器一只,220 V 单相电度表电源负载空心接线柱若干,互感电路实验部件一套。

7. DG09 元件箱

DG09 元件箱由十进制可变电阻器(阻值为 0~99 999.9 Ω)、启辉器插座、镇流器、电流取样插座、电位器、固定电阻组、电容组、二极管、稳压管、LED 发光二极管、12 V 白炽

指示灯及钮子开关等组成。

8. D31-2 智能直流电压、电流表

（1）测量精度：

直流电压表：0～300 V，0.5％。

直流毫安表：0～10 mA，1.0％；10～500 mA，0.5％。

直流安培表：0～5 A，0.5％。

（2）量程：

直流电压表：第一挡，0～3.999 V；第二挡，4.000～39.99 V；第三挡，40.00～300.0 V。

直流毫安表：第一挡：0～5.999 mA；第二挡，6.000～59.99 mA；第三挡，60.00～500.0 mA。

直流安培表：一个挡，0～5.000 A。

（3）键盘说明：

①"复位"键：在任何状态下按此键，均将使该表返回初始测量状态。此外，在异常情况下按下此键用来进行复位。

②"确认"键：用来对操作进行确认。

③"数据"键：用来调整或设置数据的大小。该键在报警点设定、各量程校准、输入密码时使用，一般要和"数位"键配合使用。

④"数位"键：用来改变设定"数据"键的位置。选中的位，其小数点将点亮，然后操作"数据"键就可以改变数值了。该键在报警点设定、各量程校准、输入密码时使用。

⑤"功能"键：选择所需功能。

9. D34-2 智能功率、功率因数表

（1）功能：可测量三相交流负载的总功率或单相交流负载的功率；可显示电路的功率因数及负载性质、周期、频率；可记录、储存和查询 15 组数据等。

（2）测量精度：<1％。

（3）量程范围：电压 0～450 V，电流 0～5 A（量程分八挡自动切换）。

1.2　电路实验箱

电路实验箱采用全新的理念，全透明、可见内部结构的设计。电路实验箱由 5 块独立电路板和 1 个实验箱组成。5 块独立电路板分别能完成戴维南电路的验证，一阶 RC 电路响应、RLC 二阶电路应用探究实验，线圈参数的测量研究；实验箱能完成三相交流电路电压和电流的测量实验、三相异步电机的继电接触控制和三相负载 Y-△转换运行实验。

实验箱电路连接示意图如图 1.2.1 所示。三相交流电经过 Y-Y 降压变压器后，将 380 V 的交流电变换成 110 V 的交流电，三个电压互感器连接在三相线间，进行三相线电压的测量。然后经过交流电流互感器后输出到三相断路器，经过熔断器后连接至负载。所有的三线电压、电流数据在微处理器 MCU 的控制下进行采集。MCU 与触摸屏间进行双向通信，将采集到的电压、电流数据在触摸屏上显示。同时 MCU 控制六路继电器动作，这六个继电器的输出可以在触摸屏上进行选择和操作，当作任何按键应用。24 V 开关电源是供给所有电路板的工作电源，也是直流继电器的线圈工作电压。

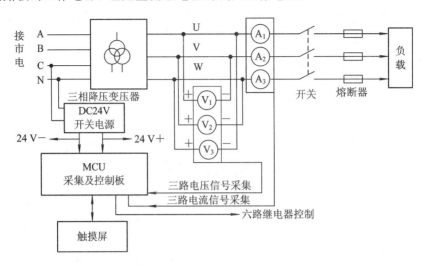

图 1.2.1　实验箱电路连接示意图

实验箱的外观如图 1.2.2 所示，该实验箱包括 1 个三相隔离降压变压器、1 个三相断路器、1 个三相熔断器、2 个直流继电器、3 个小型继电器、1 个时间继电器、1 个三相交流电机、1 排接线端子、1 个触摸屏和 1 块 MCU 控制板。

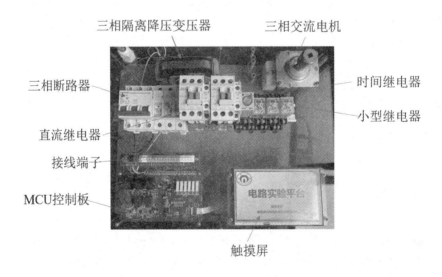

图 1.2.2　电路验箱实物图

图 1.2.3 为 MCU 控制板外连接线端子，包括 24 V 直流电源的正极（24 V＋）、24 V 直流电源的负极（24 V－）、三相交流电源的输出端子（U、V、W）、六路继电器的输出（RL0～RL5）。每个继电器输出是两个端子。所有端子是按压式接线，不需要使用起子。

安全警示：该实验装置属于强电实验装置，工作电压较高，任何不恰当的操作都可能损坏设备，危及生命安全，请大家务必小心注意！

图 1.2.3　控制板外连接线端子

1.3　模拟电路实验箱

本实验装置由一块大型(432 mm×322 mm)单面敷铜印刷线路板组成，其正面印有清晰的各部件和元器件的图形、线条及字符(见图 1.3.1)，反面则是对应的实际元器件。该实验箱包含以下几个部分：

(1) 高性能双列直插式集成电路插座 4 只。其中 16P 的 1 只，8P 的 3 只。

(2) 400 多只高可靠的自锁紧式、防转、叠插式插座。它们与集成电路插座、镀银针管插座以及其他固定器件、线路等已在印刷线路板面连接好，正面板上有黑线条连接的地方表示反面(即印刷线路板面)已连接好。这类插件，其插头与插座之间的导电接触面很大，接触电阻极其微小(接触电阻≤3 mΩ，使用寿命>10 000 次)。在插头插入后略加旋转，即

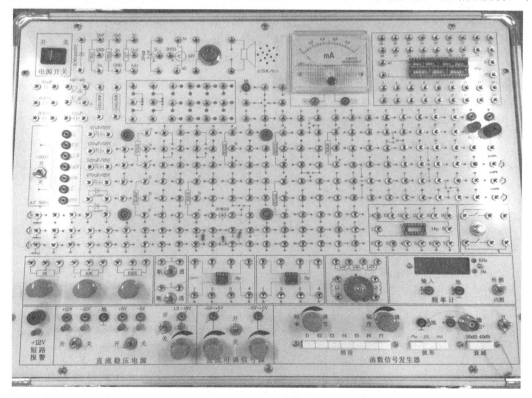

图 1.3.1　THM-3A 型模拟电路实验箱面板图

可获得极大的轴向锁紧力;拔出时,只要反方向略加旋转,即可无需任何工具快捷地拔出。同时,插头与插头之间可以叠插,从而可形成立体布线空间,使用起来极为方便。

(3)200 多根镀银长 15 mm 紫铜针管插座。这些插座供实验时接插小型电位器、电阻、电容、三极管及其他电子器件之用(它们与相应的锁紧插座已在印刷线路板面连通)。

(4)各类电子元器件若干。板的反面装接有与正面丝印相对应的电子元器件,如三端集成稳压块 7809、7815、7915、317 各 1 只,3DG6 晶体三极管 3 只,3DG12、3CG12 和 8085 各 1 只,以及场效应管 3DJ6F、单结晶体管 BT33、可控硅 3CT3A、BCR、二极管、整流桥堆、功率电阻、电容等元器件。

(5)3 只多圈可调的精密电位器(100 Ω、1 kΩ 及 10 kΩ 各 1 只)和 1 只碳膜电位器(100 kΩ),以及继电器(Relay)、蜂鸣器(Buzz)、12 V 信号灯、发光二极管(LED)、扬声器(0.25 W,80 Ω)、振荡器线圈、输出变压器、脉冲变压器、按钮和开关等。

(6)满度为 10 mA、内阻为 100 Ω 的直流毫安表 1 只。

(7)直流稳压电源插座。提供±5 V、0.5 A 和±12 V、0.5 A 共四路直流稳压电源插座,有相应的 LED 发光二极管指示。四路输出均装有熔断器,作短路保护之用。在实验箱左侧还设有 6 个接线插孔(+5 V、⊥、−5 V 和+12 V、⊥、−12 V),可以外接直流稳压电源。

使用时,只要在实验箱左侧的 6 个接线柱上接通相应的±5 V、0.5 A 和±12 V、0.5 A 直流电源,开启实验板上的电源开关,就有相应的±5 V 或±12 V 直流电源输出。

(8)直流可调电源插座。提供两路−5 V 至+5 V 可调的直流信号源,只要开启直流可调信号源处的分开关,就有两路相应的−5 V 至+5 V 直流可调电源输出。但应注意,因本电源是由该实验板上的±5 V 电源提供的,故在开启直流可调信号源开关之前,必须先接上±5 V 直流稳压电源,否则就没有直流可调信号输出。

(9)实验电路图。该实验线路板上还设置了 4 幅实验电路图,其元器件及各元器件之间的连线均已设计在实验线路板上。使用时,只需切换实验电路图中的开关或改变连线方式,即能进行晶体管共射极单管放大器、两级放大器、负反馈放大器、射极输出器、三级放大器、差动放大器、RC 串并联选频网络振荡器等实验。

(10)交流稳压电源插座。由单独一只降压变压器为实验箱提供电压交流电源,在电源开关左上方的锁紧插座处输出 6 V、10 V、14 V 及两路 17 V 低压交流电源(AC,50 Hz),为实验提供所需的交流低压电源。

1.4 数字电路实验箱

1. 实验箱组成和使用

1) 实验箱的供电

实验箱的后方设有带保险丝管(0.5 A)的 220 V 单相交流三芯电源插座(配有三芯插头电源线一根)。箱内设有一只降压变压器,提供直流稳压电源。

2) 实验箱的组成

两块大型(433 mm×323 mm)单面敷铜印刷线路板,正面印有清晰的各部件和元器件的图形、线条及字符;反面则是对应的实际元器件。如图 1.4.1 所示,该实验箱包含以下几个部分:

(a) 面板一

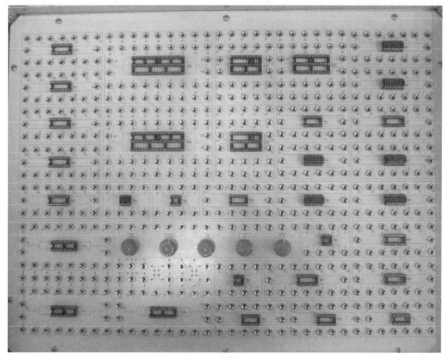

(b) 面板二

图 1.4.1　TH - SZ 型数字系统设计实验箱面板图

（1）左下角装有带灯电源总开关 1 只。

（2）高性能双列直插式圆脚集成电路插座 41 只。其中，40P 的 3 只，28P 的 2 只，24P 的 2 只，20P 的 4 只，16P 的 17 只，14P 的 9 只，8P 的 4 只。

（3）900 多只高可靠的自锁紧式、防转、叠插式插座。它们与集成电路插座、镀银针管插座以及其他固定器件、线路等已在印刷线路板面连接好。正面板上有黑线条连接的地方表示内部（即反面）已连接好。这类插件采用高档弹性插件，其插头与插座之间的导电接触面很大，接触电阻极其微小，而且插头与插头之间可以叠插，从而可形成立体布线空间，使用起来极为方便。

（4）100 多根镀银长 15 mm 紫铜针管插座。这些插座供实验时接插小型电位器、电阻、电容等分立元件之用（它们与相应的锁紧插座已在印刷线路板面连通）。

（5）2 只无译码 LED 数码管，其中"共阴""共阳"各 1 只。8 个显示段的引脚均与相应的锁紧插座相连。

（6）6 位十六进制七段译码器与 LED 数码显示器。每一位译码器均采用可编程器件 GAL 设计而成，具有十六进制全译码功能。显示器采用 LED 共阴极红色数码管（与译码器在反面已连接好），可显示 4 位 BCD 码十六进制的全译码代号：0，1，2，3，4，5，6，7，8，9，A，B，C，D，E，F。

（7）4 位 BCD 码十进制拨码开关组。每一位的显示窗指示出 0～9 中的 1 个十进制数字，在 A、B、C、D 4 个输出插口处输出相对应的 BCD 码。每按动一次"＋"或"－"键，将顺序地进行加 1 计数或减 1 计数。若将某位拨码开关的输出 A、B、C、D 连接在（6）中的一位译码显示的输入端口 A、B、C、D 处，则当接通＋5 V 电源时，数码管将点亮显示出与拨码开关所指示一致的数字。

（8）16 位 LED 发光二极管显示器及其电平输入插口。在连通＋5 V 电源后，当输入口接高电平时，所对应的 LED 发光二极管点亮；当输入口接低电平时，LED 熄灭。

（9）16 位逻辑开关及相应的开关电平输出插口。提供 16 只小型单刀双掷开关及与之对应的开关电平输出插口。当开关向上拨（即拨向"高"）时，与之相对应的输出插孔输出高电平 5 V；当开关向下拨（即拨向"低"）时，相对应的输出为低电平 0 V。

（10）直流稳压电源。提供±15 V、0.5 A 和±5 V、0.5 A 共四路直流稳压电源，每路均有短路保护自恢复功能，其中＋5 V 电源具有短路告警指示功能。该电源有相应的电源输出插口及相应的 LED 发光二极管指示。只要开启直流稳压电源处的分开关，就有相应的直流稳压电源输出。实验板上标有"＋5 V"处，是指实验时须用导线将＋5 V 的直流电源引入该处，是电源＋5 V 的输入插口。

（11）脉冲信号源。

① 提供正、负输出单次脉冲一组。

② 输出四路 BCD 码的基频、二分频、四分频、八分频，基频输出频率分 1 Hz、1 kHz、20 kHz 三挡粗调，每挡附近又可进行细调。

③ 可用作频率连续可调的计数脉冲信号源。本信号源能在很宽的频率范围内（0.5 Hz～300 kHz）调节输出频率，可用作低频计数脉冲源；在中间一段较宽的频率范围，则可用作连续可调的方波激励源。

（12）五功能逻辑笔。这是一支新型的逻辑笔，它是用可编程逻辑器件 GAL 设计而成的,具有显示 5 种功能的特点。只要开启＋5 V 直流稳压电源开关,用锁紧线从"输入"口接出,锁紧线的另一端就可视为逻辑笔的笔尖。当笔尖点在电路中的某个测试点时,面板上的 4 个指示灯即可显示出该点的逻辑状态是高电平(HL)、低电平(LL)、中间电平(ML)还是高阻态(HR)。若该点有脉冲信号输出,则 4 个指示灯将同时点亮,故有五功能逻辑笔之称,亦可称为"智能型逻辑笔"。

(13) 频率计。本频率计是由单片机 89C51 和 6 位共阴极 LED 数码管设计而成的,具有输入阻抗大和灵敏度高的优点。其分辨率为 1 Hz,测频范围为 1 Hz～2 MHz,灵敏度为 600 mV,输入阻抗为 1 MΩ,闸门时间为 1 s。

(14) 多功能智能测试仪。本测试仪是用单片机开发而成的智能化仪器,由一个集成电路芯片锁紧座、一组测量口、一组电源口、一组功能选择按键和一个七位共阴极绿色 LED 数码管组成。

① 主要功能:

• 能高速破译集成电路芯片型号。

• 可自动列出相同的其他可代用的芯片型号。

• 可对集成电路进行动态老化和可靠性检测。集成芯片测试范围为 74/54LS 系列、74/54HC/HCT/C 系列、CMOS40XX 系列、CMOS45XX 系列及部分常用模拟集成电路,全部种类达 548 种,几乎覆盖所有常用的数字集成电路。

• 智能化频率测量。测量对象:TTL 电平信号;测量范围:1 Hz～9.5 MHz。

• 周期测量。测量范围:2 μs～5 s;测量精度:±1 μs。

• 用作计数器,对脉冲信号进行计数。

② 使用方法:将＋5 V 电源接到本测试仪的电源插孔处(即按实验板上虚线所示用连接线将＋5 V 插口与"＋5 V"插口连接起来),显示器应显示"PC"。按"复位"键后,也显示"PC",表示已进入了测试初始状态。

a. 集成电路芯片型号检测。在显示"PC"状态下,按一下"确认"键,显示器将显示一闪动的"正弦曲线"(最后一个数码管显示暗淡的"8"字)。此时只要将集成电路芯片夹于锁紧座中,即能显示出该芯片完整的型号,如 74LS125、CD4046、CD4553 等。如有相同功能的其他型号芯片,将循环显示出本芯片及其他代用芯片的型号。

注意:对于任何功能的实现,在按"确认"键以前,不能在锁紧座上放任何芯片;放置芯片的规则是将芯片的缺口朝上,使芯片的第一脚与夹子的第一脚(旁边有"·"标记)对齐。

b. 频率检测。在显示"PC"状态下,连续按动"功能"键,将依次显示如下功能符号:("74LS""74HC""CD40""CD45""ANG")"F500""F1000""F5000""F10000""CCP""COU",括号内的功能在本装置中未采用。

小于 350 kHz 的信号频率测量:选中"F500"后按"确认"键,3 s 后 7 位显示器全显示"0",此时即进入频率测量状态。将被测信号从"f1"插口输入,即可以对小于 350 kHz 的信号进行频率测量,单位为 Hz。

大于 350 kHz 的信号频率测量:操作方法同上,只是用"功能"键选"F1000""F5000"或"F10000",分别测定 1 MHz、5 MHz 或 9.5 MHz 以内的频率,单位为 Hz。

注意:此时的被测信号应从"f2"插口输入,且需用锁紧线将"f1"插口与"COM"插口连接起来。

c. 周期测量。按"功能"键至"CCP",再按"确认"键,即进入周期测量状态。测量接线方法与小于 350 kHz 频率测量的方法相同,单位为 μs。

注意:此功能下,在被测信号输入以前,显示器并不会像测频那样显示"0";输入被测信号的频率不应大于 500 kHz。

d. 计数测量。连续按"功能"键至"COU",按"确认"键,即进入计数状态。此时,将脉冲信号输入"f1"插口,本测试仪即开始对脉冲信号进行计数。再按"确认"键,测试仪将对脉冲信号进行第二次计数。

(15) 本实验箱还设有 ispLSI(1016 或 2032)44 脚芯片插座(包括资源全开放式实验电路及下载线插座等)。

(16) 实验板上还设有声响信号指示 1 路,复位按钮 2 只,继电器 1 只,碳膜电位器 5 只(1 kΩ、10 kΩ、47 kΩ、100 kΩ、1 MΩ 各 1 只),并附有充足的实验连接导线一套。

(17) 在本实验板上还装有一块 166 mm × 55 mm 的面包板,以保留传统面包板的优点。

(18) 实验主板上设有可装卸固定线路实验小板的蓝色固定插座 4 只,可采用固定线路及灵活组合进行实验,这样实验更加灵活方便。

2. 实验项目

本实验装置至少可以完成如下实验项目:

(1) 晶体管开关特性、限幅器与钳位器;

(2) TTL 集成逻辑门的逻辑功能与参数测试;

(3) CMOS 集成逻辑门的逻辑功能与参数测试;

(4) 集成逻辑电路的设计与测试;

(5) 组合逻辑电路的设计与测试;

(6) 译码器及其应用;

(7) 数据选择器及其应用;

(8) 触发器及其应用;

(9) 计数器及其应用;

(10) 移位寄存器及其应用;

(11) 脉冲分配器及其应用;

(12) 使用门电路产生脉冲信号;

(13) 单稳态触发器与施密特触发器;

(14) 555 时基电路及其应用;

(15) D/A、A/D 转换器;

(16) 智力竞赛抢答装置;

(17) 电子秒表;

(18) 直流数字电压表;

(19) 数字频率计;

(20) 拔河游戏机;

(21) 随机存取存储器及其应用。

3. 使用注意事项

（1）使用前应先检查各电源及实验板上所有功能块的输出与显示是否正常。如一切均属正常，方可进行实验。

（2）接线前务必熟悉实验板上各元器件的功能、参数及其接线位置，特别要熟知各集成块插脚引线的排列方式及接线位置。

（3）实验接线前必须先断开总电源与各分电源开关，严禁带电接线。

（4）接线完毕，检查无误，再插入相应的集成电路芯片后，才可通电，也只有在断电后方可拔出集成芯片。严禁带电插拔集成芯片。

（5）实验期间，实验板上要保持整洁，不可随意放置杂物，特别是导电的工具和多余的导线等，以免发生短路等故障。

（6）本实验箱上的各挡直流电源仅供实验使用，一般不外接其他负载。如作他用，则要注意使用的负载不能超出本电源的使用范围。

（7）实验完毕，应及时关闭各电源开关，并及时清理实验板面，整理好连接导线并放置到规定的位置。

（8）实验时若需用到外部交流供电的仪器，如示波器等，这些仪器的外壳应妥善接地。

（9）实验中需了解集成电路芯片的引脚功能及其排列方式时，可查阅实验指导书有关部分。

1.5 SOPC/EDA 实验箱

1.5.1 使用注意事项

（1）不使用 SOPC/EDA 实验箱时，须关闭电源。

（2）不要带电插拔适配板及实验系统上的其他芯片。

（3）+12 V、−12 V 不用时，须关闭左上角的开关，对应指示灯灭。

1.5.2 GW48 系统原理与使用方法

康芯 GW48 系列 SOPC/EDA 实验箱（简称 GW48 系统）主要由主系统和适配板两大部分组成。

GW48 系统主板如图 1.5.1 所示。

康芯主系统可对不同厂商和不同型号的 FPGA/CPLD 器件进行编程下载实验，每个引脚已经标准化，标准化定义为 PIO1 至 PIO49，PIO60 至 PIO79，CLOCK0/2/5/9，SPEAKER，涉及的 IO 口详见 1.5.4 节中的表 1.5.2。

① "模式选择" 键及 "模式指示" 数码管。按动 "模式选择" 键，数码管显示 "1 - B"，可选择十余种不同的实验系统硬件电路连接结构。从物理结构上看，实验板的电路结构是固定的，但其内部的信息流在主控器的控制下，电路结构将发生变化而进行重配置，以适应不同的 PLD 公司的器件及不同封装的 FPGA 和 CPLD 器件，完成更多的实验与开发项目。设定好实验模式后，系统会进入所选择的实验电路结构。这些不同的电路结构的使用方式请参考 1.5.3 节中的实验电路结构图。

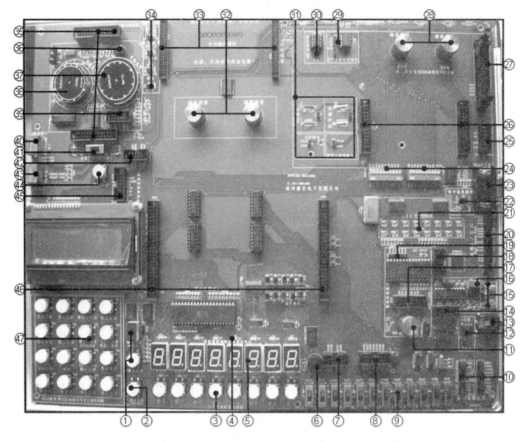

图 1.5.1 GW48 系统主板

模式切换使用举例: 若模式选择键选中了"实验电路结构图 NO.1",这时的 GW48 系统板所具有的接口方式变为 FPGA/CPLD 端口 PIO 31～PIO28(即 PIO 31、PIO 30、PIO 29、PIO 28),PIO 27～PIO24、PIO 23～PIO20 和 PIO 19～PIO16,共 4 组 4 位二进制 IO 端口分别通过一个全译码型 7 段译码器输出至系统板的 7 段数码管。这样,如果有数据从上述任一组 4 位输出,就能在数码管上显示出相应的数值,其数值对应范围如表 1.5.1 所示。

表 1.5.1 数值与数码管显示对应表

FPGA/CPLD 输出	0000	0001	0010	⋯	1100	1101	1110	1111
数码管显示	0	1	2	⋯	C	D	E	F

端口 IO32～PIO39 分别与 8 个发光二极管 D8～D1 相连,可作输出显示,高电平亮。还可分别通过键 8 和键 7(见下文③),发出高低电平输出信号进入端口 IO49 和 48;键控输出的高低电平由键前方的发光二极管 D16 和 D15 显示,高电平输出为亮。此外,可通过按动键 4 至键 1,分别向 FPGA/CPLD 的 PIO0～PIO15 输入 4 位十六进制码。每按一次键将递增 1,其序列为 1,2,⋯,9,A,⋯,F。注意,对于不同的目标芯片,其引脚的 IO 标号数一般同 GW48 系统接口电路的"PIO"标号数是一致的(这就是引脚标准化),但具体引脚号是不同的,而在逻辑设计中引脚的锁定数必须是该芯片的具体的引脚号。具体对应情

况需要参考 1.5.4 节的引脚对照表。

②"系统复位"键。下载 FPGA 后，按动此键，可起到稳定系统的作用。在实验中，当选中某种模式后，要按一下复位键，以使系统进入该结构模式工作。注意此复位键仅对实验系统的监控模块复位，而对目标器件 FPGA 没有影响。FPGA 本身没有复位的概念，上电后即工作。在没有配置前，FPGA 的 IO 口是随机的，故可以从数码管上看到随机闪动；配置后的 IO 口才会有确定的输出电平。

③ 键 1~8。此 8 个键为实验信号控制键，受多任务重配置电路控制，它在每一张电路图中的功能及其与主系统的连接方式随模式选择键选定的模式而变，使用中需参照 1.5.3 节中的实验电路结构图。

注意，键 1~8 是由多任务重配置电路结构控制的，所以键的输出信号没有抖动问题，不需要在目标芯片的电路设计中加入消抖动电路。

④ 发光管 D1~D16。这 16 个发光管受多任务重配置电路控制，它们的连线形式也需参照 1.5.3 节中的实验电路结构图。

⑤ 数码管 1~8。左侧跳线帽跳"ENAB"端时，这 8 个数码管受多任务重配置电路控制，它们的连线形式也需参照 1.5.3 节的电路结构图；跳"CLOSE"端时，这 8 个数码管为动态扫描模式，具体引脚请参考 1.5.3 节实验电路结构图 NO.2。

⑥ 扬声器：与目标芯片的"SPEAKER"端相接，通过此口可以进行奏乐或了解信号的频率，它与目标器件引脚号的具体对应情况可查阅表 1.5.2。

⑦ 十芯口。此端口为 FPGA IO 口输出端，可用康芯提供的十芯线或单线外引。IO 引脚名在其边上标出。注意，此 IO 口受多任务重配置控制，如果在模式控制下或⑨选用了这些脚，在此就不能复用。

⑧ 十四芯口。此端口与⑦相同。

⑨ 电平控制开关。作为 IO 口输入控制，每个开关的 IO 口锁定引脚在其上方已标出引脚名，用法和其他 IO 口查表用法一样。注意，此 IO 口受多任务重配置控制，如果在模式控制下或⑦、⑧选用了这些脚，在此就不能复用。这些开关在闲置时必须打到上面，即保持高电平"H"。

⑩ 时钟频率选择。此区域位于主系统的右下侧，通过短路帽的不同接插方式，可使目标芯片获得不同的时钟频率信号。对于"CLOCK0"，只能插一个短路帽，即"CLOCK0"只能获得一种频率，频率范围是 0.5 Hz~50 MHz。由于 CLOCK0 可选的频率范围宽，因此比较适合于目标芯片对信号频率或周期的测量等设计项目的信号输入端。右侧座有三个频率源组，它们分别对应三组时钟输入端：CLOCK2、CLOCK5、CLOCK9。例如，将三个短路帽分别插于对应座的 2 Hz、1024 Hz 和 12 MHz，则 CLOCK2、CLOCK5、CLOCK9 分别获得上述三个信号频率。需要特别注意的是，每一组频率源及其对应时钟输入端，分别只能插一个短路帽，也就是说，最多只能提供四个时钟频率输入 FPGA：CLOCK0、CLOCK2、CLOCK5、CLOCK9。

⑪ AD0809 模拟信号输入端电位器。转动电位器，通过它可以产生 0~+5 V 幅度可调的电压，输入通道为 AD0809 IN0。

⑫ 比较器 LM311 控制口。该口可用单线连接，若与 D/A 电路相结合，可以将目标器件设计成逐次比较型 A/D 变换器的控制器。

⑬ DA0832 模拟信号插孔输出方式。

⑭ DA0832 的数字信号输入口。8 位控制口在边上已标出，可用十芯线与⑦相连。FPGA 产生数字信号对其进行控制。

⑮ DA0832 模拟信号钩针输出方式。

⑯ 10 kΩ 的电位器。该电位器可对 DA0832 所产生的模拟信号进行幅度调谐。

⑰ AD0809 的控制端口。控制端口名在两边已标出，可用十四芯线与⑧相连。FPGA 对其进行控制。

⑱ CPLD EPM3032 编程端口。可用随机提供的 ByteBlasterMV 编程器对其进行编程。

⑲ AD0809 模拟输入口。其中 IN0 与⑪ 电位器相连。

⑳ CPLD EPM3032 的 IO 口。可外引，引脚在边上已标出，一一对应即可。

㉑ 16 个 LED 发光管。引脚在其下方标出。注意，此 IO 口受多任务重配置控制，若在模式控制下选用了这些脚，在此就不能复用。

㉒ 数字温度测控脚。这些测控脚可用单线连接。

㉓ VGA 端口。其控制端口在左边已标出。

PK2/PK4：R，PIO68；G，PIO69；B，PIO70；HS，PIO71；VS，PIO73。

PK3：R，PIO31；G，PIO28；B，PIO29；HS，PIO26；VS，PIO27。

㉔ 两组拨码开关。这两组开关用于 PK4 彩色 LCD 控制端口连接。在控制 LCD 实验时，拨码开关拨到下方，FPGA 与 LCD 端口相连，引脚在两侧已标出，一一对应查表。注意，此 IO 口受多任务重配置控制，不能重复使用。不做此实验时，必须把拨码开关拨到上方。

㉕ DDS 模块上 FPGA EP1C3 的 IO 口。此口可与 DA0832 数据口⑭ 相连，可提供 DDS 的模拟参考信号 B 通道波形输出。

㉖ DDS 模块插座。

㉗ FPGA 与 PC 并口通信口。FPGA 引脚在两侧已标出。

㉘ DDS 模块 A 通道的幅度和偏移调谐旋钮。

㉙ E 平方串行存储器的控制端口。可用单线连接此端口。

㉚ I2C 总线控制端口。可用单线连接此端口。

㉛ DDS 模块信号输入输出脚。每个功能在边上已经标出。

㉜ 配右边 DDS 模块，同㉘。

㉝ 模拟可编程器件扩展区。

㉞ 配右边 DDS 模块，同㉛。

㉟ 右边 DDS 模块插座。

㊱ 红外测速直流电机座。控制脚为㊳的"CNT"。

㊲ 直流电机。控制脚在㊳。

㊳ 四项八拍步进电机。控制脚在㊳。

㊴ 十芯口。此口为直流电机、步进电机和红外测速控制端口，"AP""BP""CP""DP"分别是步进电机控制端口，"DM1""DM2"分别是直流电机控制端口，"CNT"是红外测速控制端口。此口可与㊷或⑦连接，完成控制电机实验。

㊵ PS2 键盘接口。控制脚在其下方已经标出。

㊶ ＋/－12 V 开关。一般用到 DA 时，打开此开关；未用到＋/－12 V 时，请务必关

闭。拨到左边为关,右边为开。

○42 FPGA IO 口。此口可外接,与模式下引脚有冲突。

○43 PS2 鼠标接口。控制脚在其下方已经标出。

○44 康芯公司提供的 IP8051 核的复位键。

○45 字符液晶屏,是 2004/1602 和 4×4 矩阵键盘控制端口,可与 DDS 模块十四芯口相连,或与适配板上提供的十四芯口相连,完成 IP8051/8088 核实验;或与 DDS 模块相连,构成 DDS 功能模块。

○46 FPGA/CPLD 万能插座。此插座可插不同型号的目标芯片于主系统板的适配座上。

○47 4×4 矩阵键盘。控制端口在○45中已经标出。

图 1.5.2 是一块插于主系统板上的目标芯片适配座。对于不同的目标芯片可配不同的适配座。可用的目标芯片包括目前世界上最大的六家 FPGA/CPLD 厂商几乎所有的 CPLD、FPGA 和所有 ispPAC 等模拟 EDA 器件。每个脚各厂家已经定义标准化,1.5.4 节的引脚对照表中列出了多种芯片与系统板引脚的对应关系,以便在实验时经常查用。

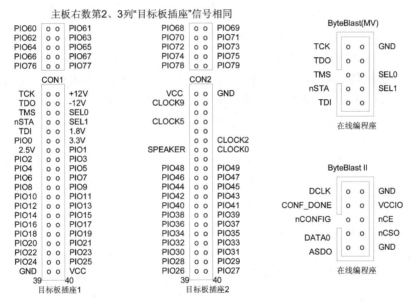

在线编程座各引脚与不同 PLD 公司器件编程下载接口说明

PLD 公司	LATTICE	ALTERA/ATMEL		XILINX		VANTIS
编程座引脚	IspLSI	CPLD	FPGA	CPLD	FPGA	CPLD
TCK(1)	SCLK	TCK	DCLK	TCK	CCLK	TCX
TDO(3)	MODE	TDO	CONF_DONE	TDO	DONE	TMS
TMS(5)	ISPEN	TMS	nCONFIG	TMS	/PROGRAM	ENABLE
nSTA(7)	SDO	—	nSTATUS	—	—	TDO
TDI(9)	SDI	TDI	DATA0	TDI	DIN	TDI
SEL0	GND	VCC*	VCC*	GND	GND	VCC*
SEL1	GND	VCC*	VCC*	VCC*	VCC*	GND

图 1.5.2　GW48 EDA 系统的标准插座及不同公司二次开发信号图

1.5.3 实验电路结构图

1. 实验电路信号资源符号图说明

以下结合图 1.5.3，对实验电路结构图中出现的信号资源符号功能作一些说明：

（1）图 1.5.3(a)是十六进制 7 段全译码器，它有 7 位输出，分别接 7 段数码管的 7 个显示输入端 a、b、c、d、e、f 和 g；它的输入端为 D、C、B、A，D 为最高位，A 为最低位。例如，若所标输入的口线为 PIO19～PIO16，则表示 PIO19 接 D，PIO18 接 C，PIO17 接 B，PIO16 接 A。

图 1.5.3　实验电路信号资源符号图

（2）图 1.5.3(b)是高低电平发生器。每按键一次，输出电平由高到低或由低到高变化一次，且输出为高电平时，所按键对应的发光管变亮，反之不亮。

（3）图 1.5.3(c)是十六进制码(8421 码)发生器，由对应的键控制输出 4 位二进制码构成的 1 位十六进制码，数的范围是 0000～1111，即 H0 至 HF。每按键一次，输出递增 1。输出进入目标芯片的 4 位二进制数将显示在该键对应的数码管上。

（4）图 1.5.3(d)是单脉冲发生器。每按一次键，输出一个脉冲，与此键对应的发光管也会闪亮一次，时间为 20 ms。

（5）图 1.5.3(e)是琴键式信号发生器。当按下键时，输出为高电平，对应的发光管变亮；当松开键时，输出为低电平。此键可用于手动控制脉冲的宽度。具有琴键式信号发生器的实验结构图是 NO.3(见下)。

2. 各实验电路结构图的特点与适用范围简述

（1）结构图 NO.0(见图 1.5.4)：目标芯片的 PIO 16～PIO 47 共 8 组 4 位二进制码输出，经外部的 7 段译码器可显示于实验系统的 8 个数码管上。键 1 和键 2 可分别输出 2 个 4 位二进制码。一方面这 4 位码输入目标芯片的 PIO11～PIO8 和 PIO15～PIO12，另一方面，可以通过观察发光管 D1～D8 来了解输入的数值。例如，当键 1 控制输入 PIO11～PIO8 的数为 HA 时，则发光管 D4 和 D2 亮，D3 和 D1 灭。电路的键 8～3 分别控制一个高低电平信号发生器向目标芯片的 PIO7～PIO2 输入高电平或低电平。扬声器接在"SPEAKER"上，具体接在哪一引脚要看目标芯片的类型，这需要查 1.5.4 节的引脚对照表。如目标芯片为 EP3C40Q240C8N，则扬声器接在"164"引脚上。目标芯片的时钟输入未在图上标出，也需查阅 1.5.4 节的引脚对照表。例如，目标芯片为 EP3C40Q240C8N，则输入此芯片的时钟信号有 CLOCK0、CLOCK2、CLOCK5 和 CLOCK9，共 4 个可选的输入端，对应的引脚分别为 152、149、150 和 152。具体的输入频率，可参考主板频率选择模块。此电路可用于设计频率计、周期计、计数器等。

（2）结构图 NO.1(见图 1.5.5)：适用于作加法器、减法器、比较器或乘法器等。例如，加法器设计，可利用键 4 和键 3 输入 8 位加数，键 2 和键 1 输入 8 位被加数，输入的加数

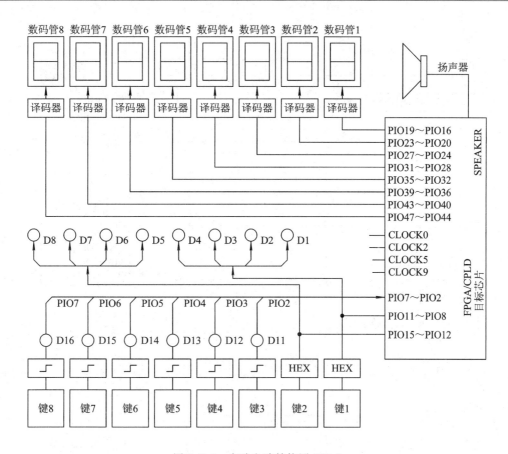

图 1.5.4 实验电路结构图 NO.0

和被加数将显示于键对应的数码管 4～1,相加的和显示于数码管 6 和 5;可令键 8 控制此加法器的最低位进位。

(3) 结构图 NO.2(见图 1.5.6):直接与 7 段数码管相连的连接方式的设置是为了便于对 7 段显示译码器进行设计和学习。以图 1.5.6 为例,如图所标"PIO46～PIO40 接 g,f,e,d,c,b,a"表示 PIO46,PIO45,…,PIO40 分别与数码管的 7 段输入 g,f,e,d,c,b,a 相接。

此结构可用于 VGA 视频接口逻辑设计,或使用数码管 8～5 共 4 个数码管作 7 段显示译码方面的实验;而数码管 4～1 共 4 个数码管可作译码后显示,键 1 和键 2 可输入高低电平。

(4) 结构图 NO.3(见图 1.5.7):特点是有 8 个琴键式键控发生器,可用于设计八音琴等电路系统,也可产生时间长度可控的单次脉冲。该电路结构同结构图 NO.0 一样,有 8 个译码输出显示的数码管,以显示目标芯片的 32 位输出信号,且 8 个发光管也能显示目标器件的 8 位输出信号。

(5) 结构图 NO.4(见图 1.5.8):适合于设计移位寄存器、环形计数器等。电路特点是:当在所设计的逻辑中有串行二进制数从 PIO10 输出时,若利用键 7 作为串行输出时钟信号,则 PIO10 的串行输出数码可以在发光管 D8～D1 上逐位显示出来,这能很直观地看到串出的数值。

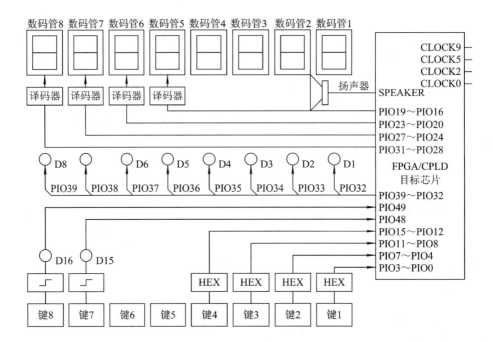

图 1.5.5　实验电路结构图 NO.1

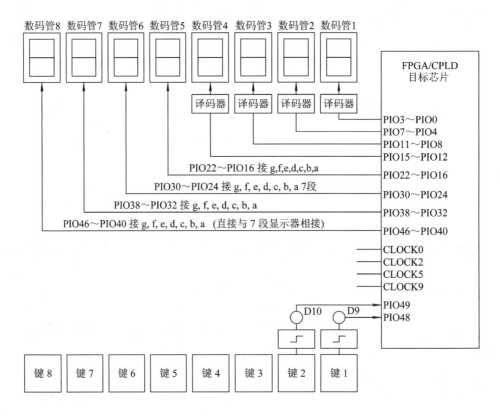

图 1.5.6　实验电路结构图 NO.2

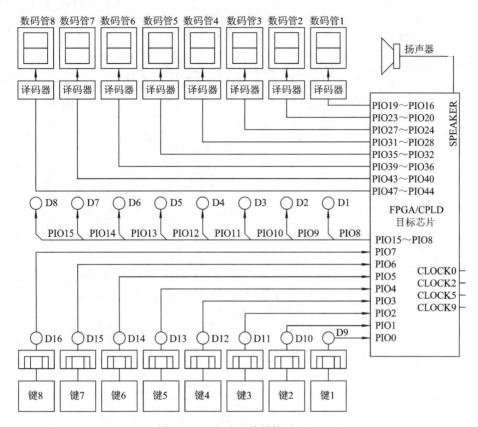

图 1.5.7 实验电路结构图 NO.3

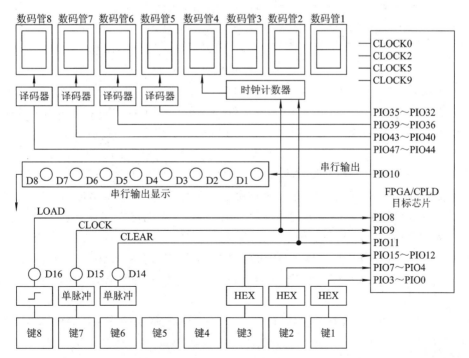

图 1.5.8 实验电路结构图 NO.4

（6）结构图 NO.5（见图 1.5.9）：8 键输入高低电平功能，目标芯片的 PIO 16～PIO 47 共 8 组 4 位二进制码输出，经外部的 7 段译码器可显示于实验系统上的 8 个数码管。

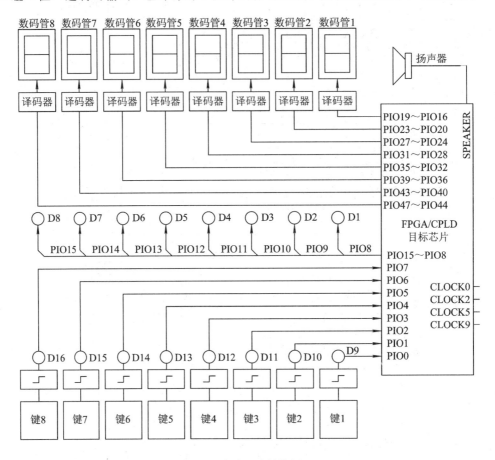

图 1.5.9　实验电路结构图 NO.5

（7）结构图 NO.6（见图 1.5.10）：此电路与 NO.2 相似，但增加了两个 4 位二进制数发生器，数值分别输入目标芯片的 PIO7～PIO4 和 PIO3～PIO0。例如，当按键 2 时，输入 PIO7～PIO4 的数值将显示于对应的数码管 2 上，以便了解输入的数值。

（8）结构图 NO.7（见图 1.5.11）：此电路适合于设计时钟、定时器、秒表等。可利用键 8、5 分别控制时钟的清零和设置时间的使能；利用键 7、5 和 1 进行时、分、秒的设置。

（9）结构图 NO.8（见图 1.5.12）：此电路适用于作并进/串出或串进/并出等工作方式的寄存器、序列检测器、密码锁等逻辑设计。它的特点是利用键 2、1 能预置 8 位二进制数，而键 6 能发出串行输入脉冲，每按键一次，即发一个单脉冲。此 8 位预置数的高位在前，向 PIO10 串行输入一位，同时能从 D8～D1 的发光管上看到串形左移的数据，十分形象直观。

（10）结构图 NO.9（见图 1.5.13）：若欲验证交通灯控制等类似的逻辑电路，可选此电路结构。

（11）当系统上的"模式指示"数码管显示"A"时，系统将变成一台频率计，数码管 8 将显示"F"，数码管 6～1 将显示频率值，最低位单位是 Hz。测频输入端为系统板右下侧的插座。

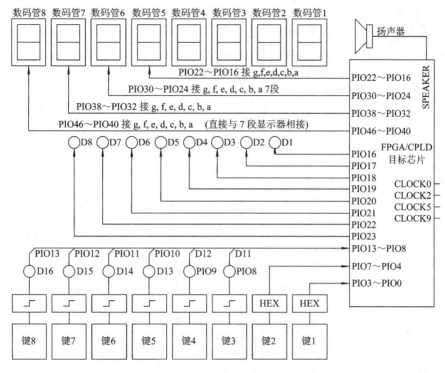

图 1.5.10 实验电路结构图 NO.6

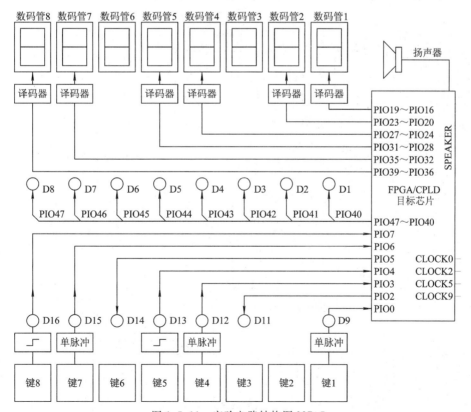

图 1.5.11 实验电路结构图 NO.7

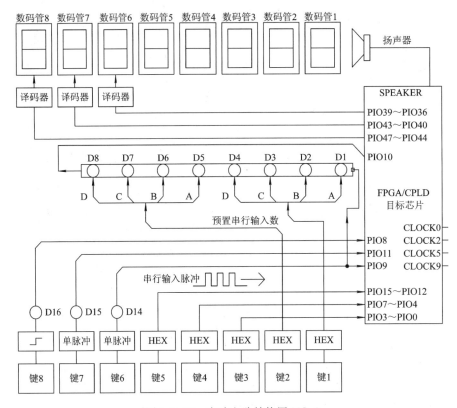

图 1.5.12 实验电路结构图 NO.8

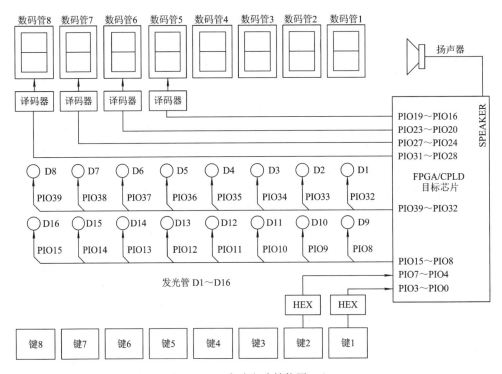

图 1.5.13 实验电路结构图 NO.9

GW48CK 系统的 VGA 和 RS-232 引脚连接如图 1.5.14 所示。

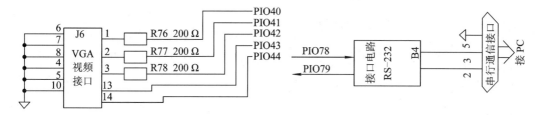

图 1.5.14　GW48CK 系统的 VGA 和 RS-232 引脚连接图（此两个接口与 PK 系列引脚不同）

1.5.4　系统万能接插口与结构图信号和芯片引脚对照

GW48CK/PK2/PK3/PK4 系统万能接插口与结构图信号和芯片引脚对照表如表 1.5.2 所示。

表 1.5.2　GW48CK/PK2/PK3/PK4 系统万能接插口与结构图信号和芯片引脚对照表

结构图上的信号名	引脚号							
	GWAC6 EP1C6/12 Q240 Cyclone	GWAC3 EP1C3TC144 Cyclone	GWA2C5 EP2C5TC144 Cyclone Ⅱ	GWA2C8 EP2C8QC208 Cyclone Ⅱ	GW2C35 EP2C35FBGA484C8 Cyclone Ⅱ	WAK30/50 EP1K30/50TQC144 ACEX	GW3C40 EP3C40Q240C8N Cyclone Ⅲ	GWXS200 XC3S200 SPARTAN
PIO0	233	1	143	8	AB15	8	18	21
PIO1	234	2	144	10	AB14	9	21	22
PIO2	235	3	3	11	AB13	10	22	24
PIO3	236	4	4	12	AB12	12	37	26
PIO4	237	5	7	13	AA20	13	38	27
PIO5	238	6	8	14	AA19	17	39	28
PIO6	239	7	9	15	AA18	18	41	29
PIO7	240	10	24	30	L19	19	43	31
PIO8	1	11	25	31	J14	20	44	33
PIO9	2	32	26	33	H15	21	45	34
PIO10	3	33	27	34	H14	22	46	15
PIO11	4	34	28	35	G16	23	49	16
PIO12	6	35	30	37	F15	26	50	36
PIO13	7	36	31	39	F14	27	51	36
PIO14	8	37	32	40	F13	28	52	37
PIO15	12	38	40	41	L18	29	55	39
PIO16	13	39	41	43	L17	30	56	40

续表一

结构图上的信号名	引脚号							
	GWAC6 EP1C6/12 Q240 Cyclone	GWAC3 EP1C3TC144 Cyclone	GWA2C5 EP2C5TC144 Cyclone Ⅱ	GWA2C8 EP2C8QC208 Cyclone Ⅱ	GW2C35 EP2C35FBGA484C8 Cyclone Ⅱ	WAK30/50 EP1K30/50TQC144 ACEX	GW3C40 EP3C40Q240C8N Cyclone Ⅲ	GWXS200 XC3S200 SPARTAN
PIO17	14	40	42	44	K22	31	57	42
PIO18	15	41	43	45	K21	32	63	43
PIO19	16	42	44	46	K18	33	68	44
PIO20	17	47	45	47	K17	36	69	45
PIO21	18	48	47	48	J22	37	70	46
PIO22	19	49	48	56	J21	38	73	48
PIO23	20	50	51	57	J20	39	76	50
PIO24	21	51	52	58	J19	41	78	51
PIO25	41	52	53	59	J18	42	80	52
PIO26	128	67	67	92	E11	65	112	113
PIO27	132	68	69	94	E9	67	113	114
PIO28	133	69	70	95	E8	68	114	115
PIO29	134	70	71	96	E7	69	117	116
PIO30	135	71	72	97	D11	70	118	117
PIO31	136	72	73	99	D9	72	126	119
PIO32	137	73	74	101	D8	73	127	120
PIO33	138	74	75	102	D7	78	128	122
PIO34	139	75	76	103	C9	79	131	123
PIO35	140	76	79	104	H7	80	132	123
PIO36	141	77	80	105	Y7	81	133	125
PIO37	158	78	81	106	Y13	82	134	126
PIO38	159	83	86	107	U20	83	135	128
PIO39	160	84	87	108	K20	86	137	130
PIO40	161	85	92	110	C13	87	139	131
PIO41	162	96	93	112	C7	88	142	132
PIO42	163	97	94	113	H3	89	143	133
PIO43	164	98	96	114	U3	90	144	135
PIO44	165	99	97	115	P3	91	145	137
PIO45	166	103	99	116	F4	92	146	138

续表二

结构图上的信号名	引脚号							
	GWAC6 EP1C6/12 Q240 Cyclone	GWAC3 EP1C3TC144 Cyclone	GWA2C5 EP2C5TC144 Cyclone Ⅱ	GWA2C8 EP2C8QC208 Cyclone Ⅱ	GW2C35 EP2C35FBGA48 4C8 Cyclone Ⅱ	WAK30/50 EP1K30/ 50TQC 144 ACEX	GW3C40 EP3C40Q240C 8N Cyclone Ⅲ	GWXS200 XC3S200 SPARTAN
PIO46	167	105	100	117	C10	95	159	139
PIO47	168	106	101	118	C16	96	160	140
PIO48	169	107	103	127	G20	97	161	141
PIO49	173	108	104	128	R20	98	162	143
PIO60	226	131	129	201	AB16	137	226	2
PIO61	225	132	132	203	AB17	138	230	3
PIO62	224	133	133	205	AB18	140	231	4
PIO63	223	134	134	206	AB19	141	232	5
PIO64	222	139	135	207	AB20	142	235	7
PIO65	219	140	136	208	AB7	143	236	9
PIO66	218	141	137	3	AB8	144	239	10
PIO67	217	142	139	4	AB11	7	240	11
PIO68	180	122	126	145	A10	119	186	161
PIO69	181	121	125	144	A9	118	185	156
PIO70	182	120	122	143	A8	117	184	155
PIO71	183	119	121	142	A7	116	183	154
PIO72	184	114	120	141	A6	114	177	152
PIO73	185	113	119	139	A5	113	176	150
PIO74	186	112	118	138	A4	112	173	149
PIO75	187	111	115	137	A3	111	171	148
PIO76	216	143	141	5	AB9	11	6	12
PIO77	215	144	142	6	AB10	14	9	13
PIO78	188	110	114	135	B5	110	169	147
PIO79	195	109	113	134	Y10	109	166	146
SPEAKER	174	129	112	133	Y16	99	164	144
CLOCK0	28	93	91	23	L1	126	152	184
CLOCK2	153	17	89	132	M1	54	149	203
CLOCK5	152	16	17	131	M22	56	150	204
CLOCK9	29	92	90	130	B12	124	151	205

第 2 章 电路仿真软件 TINA – TI

2.1 软件基本情况介绍

德州仪器公司(TI)与 DesignSoft 公司联合为用户提供了一个强大的电路仿真工具 TINA – TI。TINA – TI 适用于对模拟电路和开关式电源(SMPS)电路的仿真,是进行电路开发与测试的有力助手。TINA 基于 SPICE 引擎,是一款功能强大而易于使用的电路仿真工具,而 TINA – TI 加载了 TI 公司的宏模型以及无源和有源器件模型。TI 之所以选择 TINA 仿真软件而不是其他的基于 SPICE 技术的仿真器,是因为它同时具有强大的分析能力和简单直观的图形界面,并且易于使用。TINA – TI 提供了多种分析功能,包括 SPICE 的所有传统直流、交流、瞬态、频域、噪声分析等功能。虚拟仪器非常直观且功能丰富,允许用户选择输入波形、探针电路节点电压和波形。TINA – TI 的原理图捕捉非常直观,有助于用户快速入门。另外,它还具有广泛的后处理功能,允许用户设置输出结果的格式。

TINA – TI 软件启动后,首先出现的是原理图编辑器界面,如图 2.1.1 所示。图中空白的工作区是设计窗口,用于搭建测试电路。原理图编辑器标题栏的下面包括四行工具。

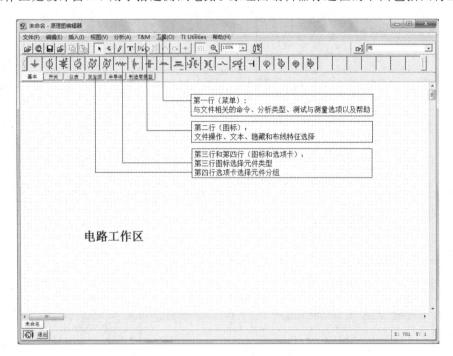

图 2.1.1 TINA – TI 原理图编辑器界面

第一行是一个可操作的菜单行选项,如文件操作、分析操作、测试及测量设备的选择等。

第二行位于菜单行下方,是一行与文件操作或 TINA 任务相关联的快捷图标。

第三行是可供选择的特定的元件符号,这些元件包括基本的无源元件、半导体器件以及精密器件的宏模型,可以利用这些元件来搭建电路原理图。

第四行是元件库选项卡,包括基本、开关、仪表、发生源、半导体和制造商模型 6 个选项卡,用于选择不同的元件分组。在选定某个选项卡之后,相应的元件库中的元件符号将显示于第三行。

2.2 基本库元件介绍

TINA - TI 为用户提供了比较丰富的基本元件、测试仪器及大量的 TI 公司制造的器件。根据不同类型将元件分为 5 个器件库和 1 个仪表库。基本元件库如图 2.2.1 所示,其提供了基本元件,如地、电池、电压源、电压发生器、无源元件(R、L、C)等。为了使用方便,某些元件也重复地出现在其他元件库中。开关元件库如图 2.2.2 所示,其提供了各种类型的开关及简单型、转换型、时间和电压控制继电器。仪表元件库如图 2.2.3 所示,其提供了各种仪表、指示器和显示器。可以在原理图中添加任意数量的此类元件。发生源元件库如图 2.2.4 所示,其提供了模拟发生源(包括直流电压源和电流源)、模拟受控源等。半导体元件库如图 2.2.5 所示,需要从目录中选择指定工业器件型号元件。制造商模型元件库如图 2.2.6 所示,其包括众多的 TI 公司器件的 SPICE 模型。可以按照功能和器件编号方式选择元件。执行"视图"→"元件栏"菜单命令,可对元件栏进行显示与关闭操作。

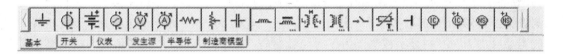

图 2.2.1 基本元件库

图 2.2.2 开关元件库

图 2.2.3 仪表元件库

图 2.2.4　发生源元件库

图 2.2.5　半导体元件库

图 2.2.6　制造商模型元件库

2.3　基本仪器仪表使用介绍

TINA－TI软件还提供了虚拟仪器,可以对电路节点进行测量和观察。通过点击"T&M"菜单,可以选择万用表、示波器、信号分析仪、函数发生器等常用仪器。

1. 万用表

将电路的输入改为直流 1 mV,然后点击"T&M"菜单,选择"万用表",弹出虚拟万用表,如图 2.3.1 所示。在万用表面板中,首先在"Function"栏里选择测量类型为直流电压测量。由于 Vout 处放置了一个电压指针,并且只有 Vout 处放置了电压指针,因此选择直流测量后,"Input"栏显示被测点为 Vout,读数框自动显示 Vout 的电压值为 10 V。如果需

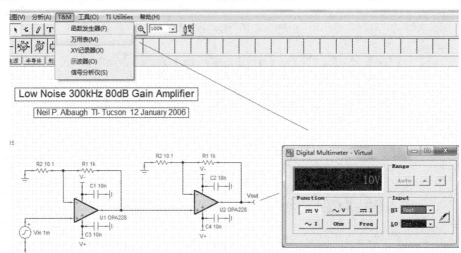

图 2.3.1　虚拟万用表

要测量其他节点处的电压，则点击万用表面板中右边的探针符号，然后在相应的节点处点击，显示区域便会显示对应节点的电压值。

2. 示波器

如图 2.3.2 所示，将输入改为正弦波输入，然后点击"T&M"菜单，选择"示波器"，弹出虚拟示波器。在示波器面板中，首先在"X Source"栏里选择要测量的信号 Vout，然后点击"Run"按键来启动示波器，屏幕显示 Vout 的波形，可以通过"Time/Div"和"Volts/Div"来调整横轴和纵轴的标度。

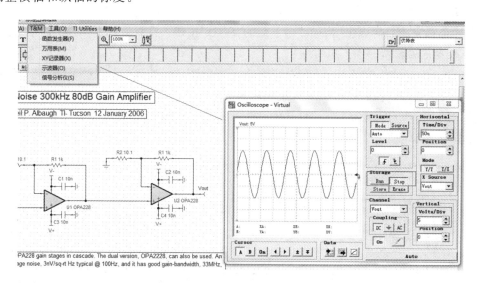

图 2.3.2　虚拟示波器

3. 信号分析仪

虽然示波器可以查看信号是如何随着时间而变化的，但是无法获得电路的频域特性。TINA - TI 的信号分析仪可以分析电路的频域特性。有两种基本方法可对频域进行测量：傅里叶变换和扫描调谐。最常用的频谱分析仪是扫描分析仪，其分析方法是对信号相关频率范围进行扫描，显示出所有频率分量。

TINA - TI 的信号分析仪基于快速傅里叶变换的频域测量方法，其使用步骤如下：

1）打开信号分析仪

点击"T&M"菜单，选择"信号分析仪"，打开如图 2.3.3 所示的信号分析仪界面。

2）选择输入信号

在"Channel"栏里选择通道采集的信号为"Vout"，然后点击右边的"On"按钮打开通道，并在"Coupling"栏里选择输入耦合方式为"AC"，即交流耦合。

3）选择测量模式

在"Mode"栏里选择测量模式。可选测量模式有正弦波扫描、振幅频谱、振幅频谱密度、功率频谱、功率频谱密度，此处选择正弦波扫描。在正弦波扫描模式中，函数发生器可以根据所选扫描的起始频率、终止频率和分辨率产生线性或对数扫描。

4）显示设置

在"Display"栏里选择显示的分析类型。可选类型有线性级数、对数级数、dB 级数、相位图、波特图(增益和相位)、奈奎斯特图和群时延图,此处选择波特图。调整其高低数值可以指定垂直轴的刻度。

5) 设置频率范围

信号分析仪的横轴总是代表频率,可以在"Frequency"栏里调整其起点和终点来设置开始和终止频率。另一种方式是通过设置中心频率以及围绕中心频率对称展开频宽的频率范围来设置显示频率。如果"Resolution"栏中选择了对数(Log),则按照对数单位进行横轴刻度缩放;如果选择了线性(Lin),则横轴将使用线性刻度。

6) 结果分析

上述选择完成以后点击"Mode"栏下面的"Start"按钮,界面中将出现分析的结果波形。

7) 幅度范围控制

在"Amplitude"栏的"Range"框中调整输入幅度范围,按下"dB"或"V"来修改幅度单位。自动按钮会将该仪表切换至自动量程模式。在这种模式下,仪表自动选择最佳量程来测量输入信号。也可以通过调整"Display"栏下的"High"和"Low"后面的选择框中的值选择纵坐标的起始和终止值。

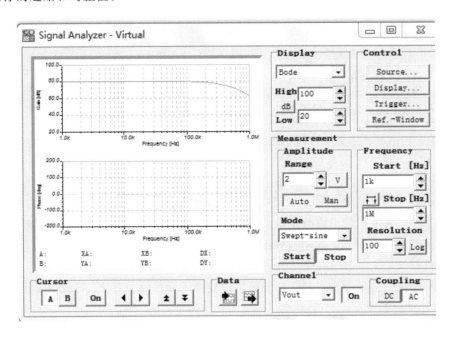

图 2.3.3　虚拟信号分析仪

4. 函数发生器

TINA-TI 的函数发生器是一个多功能发生器,可用于以下用途之一:

(1) 参考源:可按指定频率、幅度、DC 偏移量和相位产生正弦波。

(2) 函数发生器:可按指定频率、幅度、DC 偏移量和相位产生各种各样的波形。

(3) 扫描发生器:可产生对数或线性的频率扫描。

函数发生器的使用步骤如下:

(1) 点击"T&M"菜单,选择"函数发生器",出现如图 2.3.4 所示的界面。

（2）在"Output"栏中选择输出信号接入到电路的哪个节点，此处选择"Vin"。

（3）在"Waveform"栏中选择输出信号的类型，包括正弦波、方波、三角波、直流或其他波形。

（4）在面板右侧输入输出信号的幅值、偏置、频率、相位等参数。

（5）点击"Start"按钮开始输出。

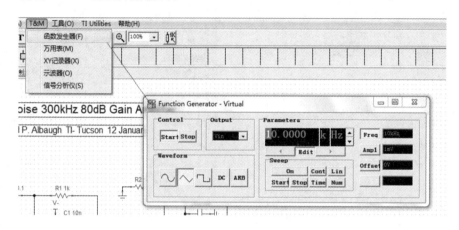

图 2.3.4　虚拟函数发生器

2.4　常见问题及其解决方法

问题 1：什么是语境帮助功能？

TINA - TI 有许多待发掘的功能。例如，该软件还提供屏幕上的语境帮助，当鼠标悬停在工作区中的许多图标和区域时将会显示相关表述，如图 2.4.1 所示。如果对于某一特定的分析，用户还需要其他的辅助功能，或是在设置有源元件的参数时需要获得相关帮助，可以在详细帮助文档中进行查找。点击"帮助"菜单，即可获得关于电路分析或有源器件等的相关信息。

问题 2：TINA - TI 能仿真非 TI 公司的芯片吗？

TINA - TI 可以从其他 SPICE 模拟器导入电路，但只能以 SPICE 网络表电路形式导入。要运行 SPICE 网络表电路，要先打开 TINA - TI 网络表。点击"工具"菜单，然后选择"网络表编辑器"，打开电路，运行电路分析。

问题 3：导自 TINA - TI 的电路能否在其他模拟器上运行？

因为 TINA - TI 与 PSpice 兼容，所以在 TINA - TI 中创建的 SPICE 网络表可以在 PSpice 中运行。从"工具"菜单中依次选择"文件"→"导出"→"网络表..."，即可创建 TINA - TI 电路的网络表文件，然后在 PSpice 中运行。

问题 4：如何编辑器件模型符号？

将器件模型符号放在原理图上之后，用户即可对其进行编辑。当指针在器件模型符号上时，单击鼠标右键，选择编辑符号选项即可对其编辑。修改只会影响模型的当前实例，不会影响数据库中模型的新实例。

文件(F) 编辑(E) 插入(I) 视图(V) 分析(A) T&M 工具(O) TI Utilities 帮助(H)
ERC...
模式(M)...
选择控制对象(C)
设定分析参数(S)...
直流分析(D)
交流分析(A)
瞬时现象(T)...
稳态求解法(S)...
傅立叶分析(F)
傅立叶级数(S)...
噪声分析(N)...
选项(O)...
1kHz Wien-bridge Os
Tina-TI simulation ci
TINA for Windows Help
傅立叶级数
键入关键字进行查找(W):
采样起始时间(I)
基本频率(B)
采样数(S)
谐波数(H)
格式(F)
输出(O)
瞬时现象初始条件
计算操作点
使用初始条件
零初始值
计算(A)
取消
帮助(H)

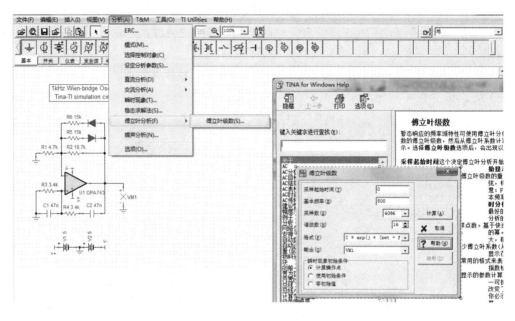

图 2.4.1　TINA - TI 中的语境帮助

问题 5：如何控制仿真的精确度和速度？

有许多因素会对仿真的精确度和速度产生影响。通常，陡沿信号、高错误限制或低 G_{MIN}将降低仿真速度，需要在仿真的精确度与速度之间进行取舍。通过调整程序中的仿真参数，可平衡仿真的速度与精确度。从主菜单中点击“分析”菜单，然后单击“设置分析参数...”，出现如图 2.4.2 所示的界面。

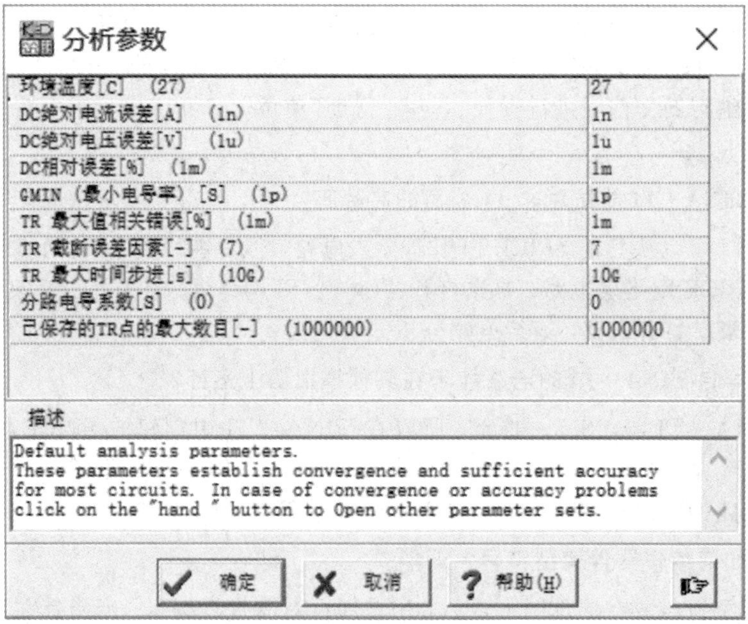

分析参数
环境温度[C] (27)　27
DC绝对电流误差[A] (1n)　1n
DC绝对电压误差[V] (1u)　1u
DC相对误差[%] (1m)　1m
GMIN (最小电导率) [S] (1p)　1p
TR 最大值相关错误[%] (1m)　1m
TR 截断误差因素[-] (7)　7
TR 最大时间步进[s] (10G)　10G
分路电导系数[S] (0)　0
已保存的TR点的最大数目[-] (1000000)　1000000
描述
Default analysis parameters.
These parameters establish convergence and sufficient accuracy
for most circuits. In case of convergence or accuracy problems
click on the "hand " button to Open other parameter sets.
确定
取消
帮助(H)

图 2.4.2　设置分析参数

作为常规要求,可使用此参数设置。对于以大约 100 kHz 工作的电路,将"TR 最大时间步进[s]"设置为 100 ns。对于开关模式或数字电路,将"TR 最大值相关错误 [%]"设置为大约 1.0%,以加速仿真。

减少"已保存的 TR 点的最大数目[—]"的值将降低波形显示分辨率,但不会影响仿真精确度。然而,模拟器将保存更少的数据,以便分析波形更快显示。

在图 2.4.2 中点击按钮 ☞ ,以保存设置。还可以加载以前保存的设置,或查看完整的分析参数列表。

2.5　示　　例

为了说明 TINA - TI 非常易于使用,本节将使用该软件搭建一个模拟电路并演示一些电路分析功能。这里我们选择一个 1 kHz 的正弦波振荡电路,并选用德州仪器的 OPA132 FET 运算放大器进行设计。该放大器具有良好的直流和交流性能。它正常工作时的供电电压范围为 2.5~18 V,本例所需的电压为 15 V,符合设计要求。

1. 放置元件并连线

选定并将所有元件放置到适当的位置后,就可以用走线将它们连接起来组成电路。每个元件都有若干用于进行电路连接的节点。软件将这些节点显示为一个小的红色的"×",用走线可将元件节点与其他元件节点连接起来。只要将鼠标指针放置在一个节点连接处,然后保持左键被按下,移动鼠标就可绘制一条走线。当走线到达预定的终端连接点时,释放鼠标左键,即可完成元件的连接。连线功能还可以通过点击"Insert"菜单选择连接线,或选择图标栏中的像一个小铅笔的图标来实现。图 2.5.1 说明了 TINA - TI 软件的布线功能。

当电路原理图的编辑完成后,就可以做电路仿真和分析了。通过选择"Analysis"菜单进入分析进程,随后出现多个选项,包括错误规则检查(ERC)、模式、选择控制对象、设定分析参数、分析列表等。分析列表包括直流、交流、瞬态、稳态、傅里叶或噪声等分析方法,选中其中之一进行分析。

"Analysis"菜单的第一个选项是错误规则检查(ERC)。选择此项功能,TINA - TI 软件对电路自动进行检查,然后弹出一个窗口列出所有电路错误。点击窗口中的错误项,原理图中的错误指针将被选中。错误窗口还能列出在分析过程中所遇到的其他类型的电路错误。即使 ERC 没被选中,TINA - TI 也将在仿真开始时自动执行错误检查。模式、选择控制对象、设定分析参数三个选项一般采用默认设置即可,需要时可进行修改。分析列表中常用的分析方式包括直流、交流、瞬态分析,直流分析能够对正常的直流工作状态进行验证,交流分析能显示交流的输出波形,瞬态分析能显示频率响应特性。

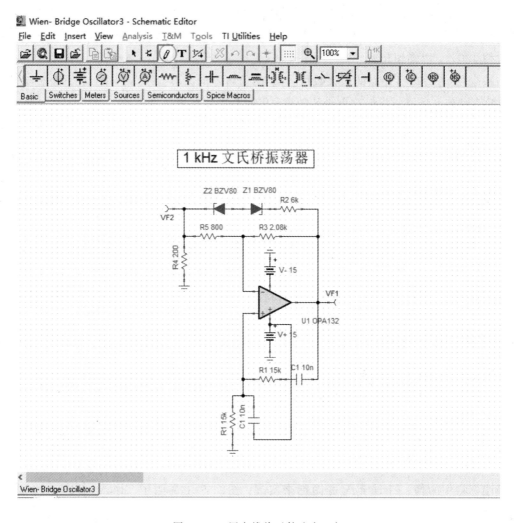

图 2.5.1　用走线将元件连在一起

2. 直流分析

按照以下步骤进行直流分析：

（1）点击"Analysis"菜单。

（2）选择"DC Analysis"。

（3）点击"Table of DC results"，出现电压/电流列表。

（4）用鼠标指针作为探针，测试电路节点。

被探测的节点和测量值将以红颜色显示在电压/电流列表中，如图 2.5.2 所示。

3. 瞬态分析

按照以下步骤进行瞬态分析：

（1）点击"Analysis"菜单。

（2）选择"Transient"。

（3）在出现的瞬态分析(Transient Analysis)对话框中输入开始和结束时间，以及其他需要设置的参数。

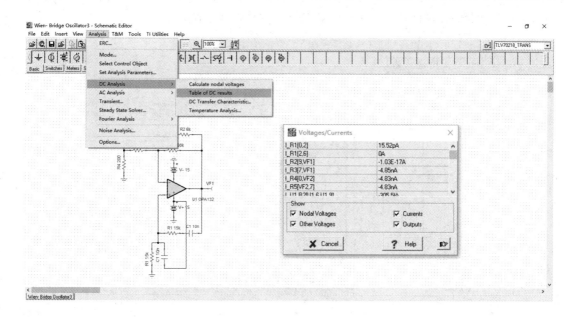

图 2.5.2　显示电压/电流列表的直流分析

（4）点击"OK"按钮，运行分析。

瞬态分析结果如图 2.5.3 所示。

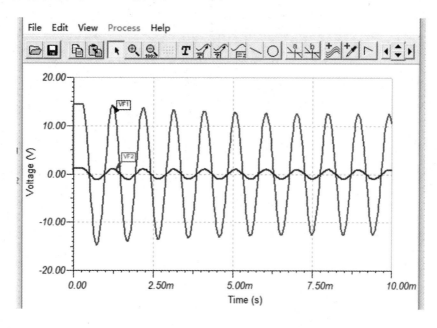

图 2.5.3　瞬态分析

4. 测试与测量

图 2.5.4 显示的是一个虚拟示波器，用于观察文氏桥振荡器电路的稳态输出。同样的，一个虚拟信号分析仪可以与一个放大器电路一起使用，这样就能够观察到一次仿真中的谐波性能。点击"T&M"菜单，然后选择"Oscilloscope"，以获得虚拟示波器。将光标移动到仿

真电路的输出端，并根据需要在虚拟示波器对话框中调整控制选项。

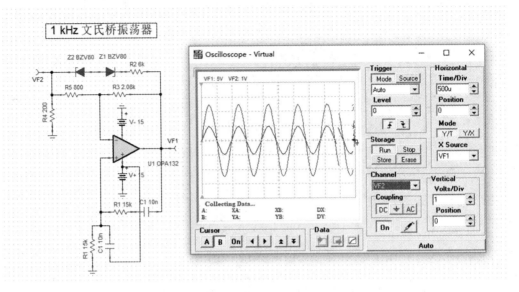

图 2.5.4　虚拟示波器测试

第 3 章　电工基础实验

3.1　电工实验(少学时)

3.1.1　戴维南定理的验证

戴维南定理的
验证

1. 实验目的

(1) 验证戴维南定理的正确性,加深对该定理的理解。

(2) 掌握测量有源二端网络等效参数的一般方法。

2. 实验设备

本实验所需实验设备见表 3.1.1。

表 3.1.1　戴维南定理验证实验所需实验设备

设备名称	型号或规格	数量
可调直流稳压电源	D04(0～30 V)	1
可调直流恒流源	D04	1
直流数字电压表	D31	1
直流数字毫安表	D31	1
万用表	VT890C	1
可调电阻箱	0～9999.9 Ω	2
戴维南定理实验板	D05	1

3. 实验原理

1) 戴维南定理

任何一个线性含源网络,如果仅研究其中一条支路的电压或电流,则可将电路的其余部分看作是一个有源二端网络。

戴维南定理指出:任何一个线性含源网络,总可以用一个电压源与一个电阻的串联来等效代替,此电压源的电动势 U_S 等于有源二端网络的开路电压 U_{OC},其等效内阻 R_0 等于该网络中所有独立源均置零(理想电压源视为短路,理想电流源视为开路)时的等效电阻。

2) 有源二端网络等效参数的测量方法

(1) 开路电压短路电流法测 R_0。在有源二端网络输出端开路时,用电压表直接测出开

路电压 U_{OC},然后再将其输出端短路,用电流表测其短路电流 I_{SC},则等效电阻为

$$R_O = \frac{U_{OC}}{I_{SC}}$$

如果二端网络的内阻很小,短路其输出端易损坏内部元件,就不宜用此法。

(2)半电压法测 R_O。改变负载电阻,当输出端电压 U 为 U_{OC} 的一半时,负载电阻即为被测有源二端网络的等效电阻值。

4. 实验内容和步骤

被测有源二端网络如图 3.1.1(a)所示。

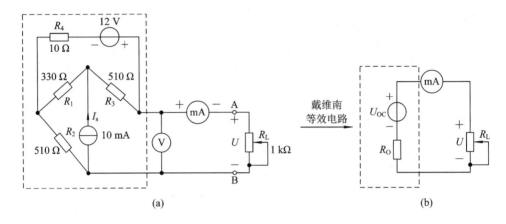

图 3.1.1　戴维南定理验证实验原理图

1)用开路电压与短路电流法测定戴维南等效电路的 U_{OC}、R_O 和诺顿等效电路的 I_{SC}、R_O

按图 3.1.1(a)接入稳压电源 $U_S = 12\ V$ 和恒流源 $I_S = 10\ mA$,不接入 R_L。测出 U_{OC} 和 I_{SC},并计算出 R_O。将数据填入表 3.1.2 中。

表 3.1.2　开路电压与短路电流法记录表

U_{OC}/V	I_{SC}/mA	$R_O = U_{OC}/I_{SC}(\Omega)$

2)用半电压法测 R_O

按图 3.1.1(a)接入 R_L。改变 R_L 阻值,当输出端电压 U 为 U_{OC} 的一半时,负载电阻即为被测有源二端网络的等效电阻值。将数据填入表 3.1.3 中。

表 3.1.3　半电压法记录表

$\frac{1}{2}U_{OC}/V$	R_O/Ω

3)负载实验

按图 3.1.1(a)接入 R_L。改变 R_L 阻值,测量有源二端网络的外特性曲线。将实验数据填入表 3.1.4 中。

表 3.1.4　*U‑I* 关系记录表 1

R_L/Ω	100	200	300	400	500	600	700	800	900
U/V									
I/mA									

4）验证戴维南定理

将可调电阻箱的阻值调整到等于按步骤 1）和步骤 2）所得的等效电阻 R_0 的平均值（R_0 ＝_____），然后令其与直流稳压电源（调整到步骤 1）所测的开路电压 U_{OC} 之值，即_____ V）相串联，如图 3.1.1(b) 所示，仿照步骤 3）测其外特性，对戴维南定理进行验证。将数据填入表 3.1.5 中。

表 3.1.5　*U‑I* 关系记录表 2

R_L/Ω	100	200	300	400	500	600	700	800	900
U/V									
I/mA									

5．实验注意事项

（1）测量时，注意电流表量程的更换。

（2）电源置零时不可将稳压源短接。

（3）用万用表直接测 R_0 时，网络内的独立源必须先置零，以免损坏万用表，使用欧姆挡测量电阻。

（4）改接线路时，要关掉电源。

6．预习思考题

（1）在求戴维南等效电路时，作短路试验，测 I_{SC} 的条件是什么？在本实验中可否直接作负载短路实验？请在实验前对线路预先作好计算，以便在调整实验线路及测量时可准确地选取电表的量程。

（2）说明测有源二端网络开路电压及等效内阻的几种方法，并比较其优缺点。

7．实验报告要求

（1）根据步骤 2）、3）、4），在计算机软件中输入实验数据，使用直线拟合方法得到直线的斜率，并计算等效电阻，验证戴维南定理和诺顿定理的正确性。

（2）归纳、总结实验结果。

（3）使用电路仿真软件 TINA 进行仿真实验，与实验数据对比，说明产生误差的原因。

（4）回答思考题：在求戴维南或诺顿等效电路时，作短路实验，测 I_{SC} 的条件是什么？

3.1.2　一阶电路的响应

1．实验目的

（1）观察 RC 一阶电路的零输入响应、零状态响应及全响应。

一阶电路的响应

（2）观察电路时间常数对暂态变化快慢的影响。

（3）理解有关微分电路、积分电路的概念。

2. 实验设备

实验所需设备如表 3.1.6 所示。

表 3.1.6　*RC* 一阶电路的响应测试所需实验设备

设备名称	型号或规格	数量
数控智能函数信号发生器	DG03	1
双通道数字示波器	TDS 1012C-EDU	1
动态电路实验板	DG07 一阶、二阶动态电路部分	1

3. 实验原理

1）稳态与暂态过程

通常把电压和电流保持恒定或按周期性变化的电路工作状态称为稳态。电路的暂态过程是指电路从一个稳态变化到另一个稳态的过程。暂态过程发生于有储能元件（电容或电感）的电路里。

RC 电路中电容器的充、放电过程，理论上需持续无限长的时间，但工程应用上一般认为经过 $(3\sim5)\tau$ 的时间，暂态过程结束，其中，$\tau = RC$，为时间常数。在图 3.1.2 所示 *RC* 电路输入端加上矩形脉冲电压 u_i，若脉冲宽度 $t_p = (3\sim5)\tau(t_p = T/2)$，可观察到输出电压 u_o 波形为基本完整的充放电曲线，u_i 及 u_o 波形如图 3.1.3 所示。

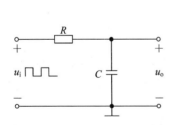

图 3.1.2　*RC* 实验电路

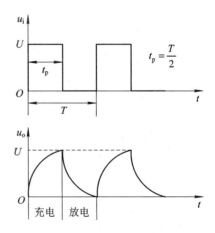

图 3.1.3　输入与输出电压波形

2）时间常数的测量

根据理论可知，对于电容充电曲线，幅值由零上升至稳定值的 63.2% 时，所需时间为 τ；对于电容放电曲线，幅值下降至初值的 36.8% 时，所需时间为 τ，如图 3.1.4 所示。根据这一规律，可方便地从响应波形上测出电路的时间常数 τ。

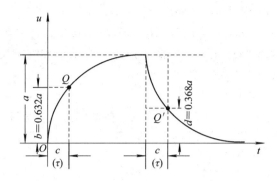

图 3.1.4　时间常数的测量

3）微分电路和积分电路

微分电路和积分电路是 RC 一阶电路中较典型的电路，它对电路元件参数和输入信号的周期有着特定的要求。一个简单的 RC 串联电路，在方波序列脉冲的重复激励下，若满足 $\tau=RC\ll T/2$（T 为方波序列脉冲的重复周期），且由 R 两端的电压作为响应输出，则该电路就是一个微分电路，因为此时电路的输出电压与输入信号电压的微分成正比。如图 3.1.5(a)所示。利用微分电路可以将方波转变为尖脉冲。

若将图 3.1.5(a)中的 R 与 C 的位置调换一下，如图 3.1.5(b)所示，由 C 两端的电压作为响应输出，当电路参数满足 $\tau=RC\gg\dfrac{T}{2}$ 时，电路称为积分电路，因为此时电路的输出信号电压与输入信号电压的积分成正比。利用积分电路可以将方波转变成三角波。

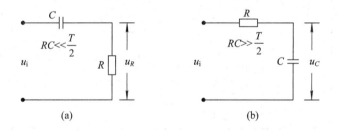

图 3.1.5　微分电路与积分电路

从输入、输出波形来看，微分电路和积分电路均起着变换波形的作用，请在实验过程中仔细观察与记录。

4. 实验内容和步骤

（1）从一阶、二阶动态电路板上选 $R=10\ \text{k}\Omega$，$C=0.01\ \mu\text{F}$ 组成如图 3.1.2 所示的 RC 充放电电路。u_i 为数控智能函数信号发生器输出的 $U_m=3\ \text{V}$，$f=1\ \text{kHz}$ 的方波电压信号，并通过两根同轴电缆线，将激励源 u_i 和响应 u_C 的信号分别连至示波器的两个输入通道 1 和 2，这时可在示波器的屏幕上观察到激励与响应的变化规律。对于电容充电曲线，幅值由零上升至稳定值的 63.2% 时所需时间为 τ，测算出时间常数 τ，并描绘激励源 u_i 和响应 u_C 的波形。

（2）令 $R=10\ \text{k}\Omega$，$C=0.1\ \mu\text{F}$，组成如图 3.1.5(b)所示的积分电路，在同样的方波激励信号（$U_m=3\ \text{V}$，$f=1\ \text{kHz}$）作用下，观测并描绘激励源 u_i 和响应 u_C 的波形。

(3) 令 $R=30$ kΩ，$C=0.1$ μF，重复步骤(2)。

(4) 令 $R=100$ Ω，$C=0.1$ μF，组成如图 3.1.5(a)所示的微分电路，在同样的方波激励信号($U_m=3$ V，$f=1$ kHz)作用下，观测并描绘激励源 u_i 和响应 u_R 的波形。

(5) 令 $R=1$ kΩ，$C=0.1$ μF，重复步骤(4)。

将实验数据和波形记入表 3.1.7 中。

表 3.1.7　RC 暂态、积分、微分电路实验数据

波形名称	参　　数		波形图
RC 电路暂态过程输入、输出电压波形	$R/\text{k}\Omega$		
	$C/\mu\text{F}$		
	τ/ms	计算值	
		测量值	
RC 积分电路输入、输出电压波形	$R/\text{k}\Omega$		
	$C/\mu\text{F}$		
	τ/ms(计算值)		
	$R/\text{k}\Omega$		
	$C/\mu\text{F}$		
	τ/ms(计算值)		
RC 微分电路输入、输出电压波形	$R/\text{k}\Omega$		
	$C/\mu\text{F}$		
	τ/ms(计算值)		
	$R/\text{k}\Omega$		
	$C/\mu\text{F}$		
	τ/ms(计算值)		

5. 实验注意事项

(1) 学会使用示波器。

(2) 调节仪器旋钮时，动作不要过猛。

(3) 调节示波器时，要注意触发开关和电平调节旋钮的配合使用，以使显示的波形稳定。

(4) 作定量测量时，"t/div"和"V/div"的微调旋钮置"标准"位置。

(5) 为防止外界干扰，信号发生器的接地端与示波器的接地端要连接在一起。

(6) 所有的实验波形，使用 USB 盘进行拷贝得到，然后打印粘贴在实验报告中。

6. 预习思考题

(1) 已知 RC 一阶电路 $R=10$ kΩ，$C=0.1$ μF，试计算时间常数 τ，并根据 τ 的物理意义，拟定测定的方案。

(2) 何谓积分电路和微分电路，它们必须具备什么条件？

7. 实验报告要求

（1）根据实验观测结果，绘出 RC 一阶电路充放电时 u_C 的变化曲线，由曲线测得 τ 值，并与参数值的计算结果作比较，分析误差原因。

（2）根据实验观测结果，归纳、总结积分电路和微分电路的形成条件，阐明波形变换的特征。

（3）使用 TINA 软件进行仿真研究，对比仿真结果与实验测试结果。

3.1.3 荧光灯电路及其功率因数的提高

荧光灯电路及其
功率因数的提高

1. 实验目的

（1）掌握荧光灯（又称日光灯）照明电路的接线。

（2）理解正弦稳态交流电路中电压和电流的相量关系。

（3）理解改善电路功率因数的意义并掌握其方法。

2. 实验设备

实验所需设备如表 3.1.8 所示。

表 3.1.8　实验所需设备

设备名称	型号或规格	数量
交流电压表	500 V	1
交流电流表	100 mA	1
功率表	多功能数字功率表	1
自耦调压器	0～500 V	1
镇流器	40 W	1
电容器	1 μF, 2 μF, 4 μF/450 V	各 1
启辉器	40 W	1
荧光灯管	40 W/220 V	1
白炽灯泡	15 W/220 V	1
测电流用插座		4

3. 实验原理

（1）在单相正弦交流电路中，用交流电流表测得各支路电流值，用交流电压表测得回路各元件两端的电压有效值，它们之间的关系应满足相量形式的基尔霍夫定律。

（2）荧光灯照明电路如图 3.1.6 所示。图中 A 是荧光灯灯管，L 是镇流器，S 是启辉器，C 是补偿电容器，用以改善电路的功率因数（$\cos\varphi$ 的值）。

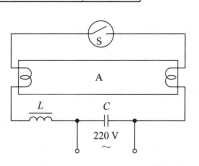

图 3.1.6　荧光灯照明电路

图 3.1.7 是荧光灯照明电路的等效电路。其中荧光灯管的等效电阻为 R_A，镇流器的等效电路为 r 和 L 的串联。电路中电阻消耗的功率为 P，则有

$$P = I^2(R_A + r), \quad R_A = \frac{U_A}{I} \qquad (3.1.1)$$

故

$$r = \frac{P}{I^2} - \frac{U_A}{I}$$

或

$$r = \frac{|U\cos\varphi - U_A|}{I}, \quad \cos\varphi = \frac{P}{UI}$$

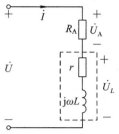

图 3.1.7　荧光灯等效电路

4. 实验内容及步骤

1) 荧光灯照明电路接线与测量

图 3.1.8 中，A 是荧光灯灯管；L、r 是镇流器的等效电感和内阻；S 是启辉器；C_1、C_2、C_3 是补偿电容器。按图 3.1.8 接线，断开补偿电容，经指导教师检查后接通实验台电源，调节自耦调压器的输出，使其输出电压缓慢增大，直到荧光灯刚启辉点亮为止，记下各表读数，并填入表 3.1.9 中。然后将电压调至正常工作值 220 V，测量功率 P，电流 I，电压 U、U_L、U_A 等值，验证电压、电流的相量关系。

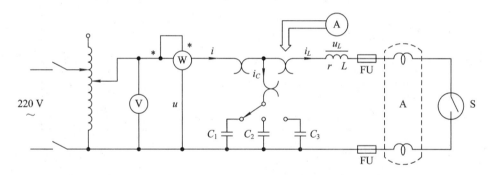

图 3.1.8　荧光灯及其测试电路

表 3.1.9　实验数据记录表 1

状态	测　量　数　值					计　算　值	
	P/W	$\cos\varphi$	I/A	U/V	U_L/V	U_A/V	r/Ω	$\cos\varphi$
启辉值								
正常工作值								

2) 并联电路电容——电路功率因数的改善

如图 3.1.8 所示，接上补偿电容(自耦调压器的输出仍为 220 V)，记录功率表、电压表读数。通过一只电流表和三个电流插座分别测得三条支路的电流。改变电容值，进行四次重复测量，将数据记录于表 3.1.10 中。

表 3.1.10 实验数据记录表 2

电容值/μF	测 量 数 值						计 算 值	
	P/W	$\cos\varphi$	I/A	U/V	I_L/A	I_C/A	I'/A	$\cos\varphi'$
1								
2.2								
4.7								
6.9								

5. 实验注意事项

(1) 注意安全用电！当接线、改线、拆线时都要先关闭电源，即断电操作！本次实验，应先将自耦调压器的输出调为 0 V。

(2) 本次实验连线时，为保护荧光灯管，应注意串联了 FU 的荧光灯灯丝接线柱的连接方式。

(3) 功率表要正确接入电路，并熟悉交流电压表、电流表和功率表的使用。

(4) 线路接线正确，荧光灯不能启辉时，应检查启辉器及其接触是否良好。

6. 预习思考题

(1) 参阅课外资料，了解荧光灯的启辉原理。

(2) 在日常生活中，当荧光灯上缺少了启辉器时，人们常用一导线将启辉器的两端短接一下，然后迅速断开，使荧光灯点亮；或用一只启辉器去点亮多只同类型的荧光灯。这是为什么？

(3) 提高线路功率因数为什么只采用并联电容器法，而不用串联法？所并的电容器是否越大越好？

7. 实验报告要求

(1) 推导公式，并完成数据表格中的计算，进行必要的误差分析。

(2) 根据数据，分别绘出电压、电流相量图，验证相量形式的基尔霍夫定律。

(3) 讨论改善电路功率因数的意义和方法。

(4) 使用 TINA 软件进行仿真研究，对比仿真结果与实验测试结果。

3.1.4 三相交流电路

1. 实验目的

(1) 验证星形连接和三角形连接时线、相电压及线、相电流之间的关系。

(2) 充分理解三相四线供电系统中中线的作用。

三相交流电路

2. 实验设备

实验所需设备如表 3.1.11 所示。

表 3.1.11 三相交流电路实验所需设备

设备名称	型号或规格	数量
交流电压表	500 V	1
交流电流表	1000 mA	1
万用表	VT890C	1
三相自耦调压器	0~500 V/三相	1
三相负载	15 W/220 V 白炽灯	9
测电流用插座		3

3. 实验原理

(1) 三相负载可接成星形(又称 Y 形连接)或三角形(又称 △ 形连接)。当三相对称负载作 Y 形连接时,线电压 U_L 是相电压 U_P 的 $\sqrt{3}$ 倍,线电流 I_L 等于相电流 I_P,即

$$U_L = \sqrt{3} U_P, \quad I_L = I_P \tag{3.1.2}$$

在这种情况下,流过中线的电流 $I_0 = 0$,所以可以省去中线。

当对称三相负载作 △ 形连接时,有 $I_L = \sqrt{3} I_P$,$U_L = U_P$。

(2) 不对称三相负载作 Y 形连接时,必须采用三相四线制接法,即 Y_0 接法;而且中线必须牢固连接,以保证三相不对称负载的每相电压维持对称不变。

倘若中线断开,会导致三相负载电压的不对称,致使负载轻的那一相的相电压过高,使负载遭受损坏,负载重的一相相电压又过低,使负载不能正常工作。尤其是对于三相照明负载,无条件地一律采用 Y_0 接法。

(3) 当不对称负载作 △ 形连接时,$I_L \neq \sqrt{3} I_P$,但只要电源的线电压 U_L 对称,加在三相负载上的电压仍是对称的,对各相负载工作没有影响。

4. 实验内容和步骤

1) 三相负载星形连接

按图 3.1.9 所示线路连接实验电路,即三相灯组负载经三相自耦调压器接通三相对称电源。将三相调压器的旋柄置于输出为 0 V 的位置(即逆时针旋到底)。经指导教师检查后,方可开启实验台电源。然后调节调压器的输出,使输出的三相线电压为 220 V,并按下述内容完成各项实验:分别测量三相负载的线电压、相电压、线电流、相电流、中线电流、电源与负载中点间的电压;将所测得的数据记入表 3.1.12 中,表中 Y_0 表示三相负载作 Y 形连接并有中线的接法,Y 表示三相负载作 Y 形连接但无中线的接法。观察各相灯组亮暗的变化程度,特别注意观察中线的作用。

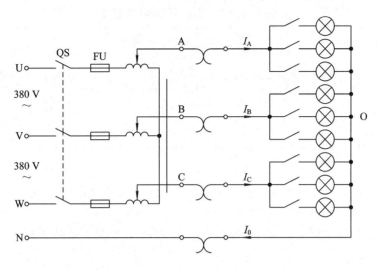

图 3.1.9 三相电路负载 Y 形连接实验电路

表 3.1.12 实验数据记录表 1

测量数据 实验负载	开灯盏数			线电流/A			线电压/V			相电压/V			中线 电流 I_0/A	中点 电压 U_{N0}/V
	A 相	B 相	C 相	I_A	I_B	I_C	U_{AB}	U_{BC}	U_{CA}	U_{A0}	U_{B0}	U_{C0}		
Y_0 接平衡负载	3	3	3											/
Y 接平衡负载	3	3	3										/	
Y_0 接不平衡负载	1	2	3											/
Y 接不平衡负载	1	2	3										/	
Y_0 接 B 相断开	1	/	3											/
Y 接 B 相断开	1	/	3										/	
Y 接 B 相短路	1	/	3										/	

2）负载三角形连接

按图 3.1.10 改接线路，经指导教师检查后接通三相电源，并调节调压器，使其输出线电压为 220 V，并按表 3.1.13 的内容进行测试。

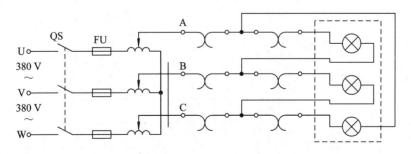

图 3.1.10 三相电路负载△形连接实验电路

表 3.1.13 实验数据记录表 2

测量数据 实验负载	开灯盏数			线电压＝相电压 /V			线电流/A			相电流/A		
	A－B相	B－C相	C－A相	U_{AB}	U_{BC}	U_{CA}	I_A	I_B	I_C	I_{AB}	I_{BC}	I_{CA}
三相平衡	3	3	3									
三相不平衡	1	2	3									

5. 实验注意事项

(1) 每次接线完毕，检查正确后，方可接通电源。必须严格遵守先接线、后通电，先断电、后拆线的实验操作原则。

(2) 星形负载作短路实验时，必须首先断开中线，以免发生短路事故。

6. 预习思考题

(1) 三相负载根据什么条件作星形或三角形连接？

(2) 复习三相交流电路有关内容，试分析三相星形连接不对称负载在无中线情况下，当某相负载开路或短路时会出现什么情况。如果接上中线，情况又如何？

7. 实验报告要求

(1) 用实验测得数据验证对称三相电路中的$\sqrt{3}$关系。

(2) 用实验数据和观察到的现象，总结三相四线供电系统中中线的作用。

(3) 不对称三角形连接负载，能否正常工作？实验能否证明这一点？

(4) 根据不对称负载三角形连接时的相电流值作相量图，并求出线电流值，然后与实验测得的线电流作比较分析。

(5) 使用 TINA 软件进行仿真研究，对比仿真结果与实验测试结果。

3.1.5 三相异步电动机的点动控制

1. 实验目的

(1) 通过对三相异步电动机点动控制和自锁控制电路的实际安装接线，掌握由电气原理图变换成安装接线图的知识。

(2) 通过实验进一步加深理解点动控制和自锁控制的特点及在机床控制中的应用。

2. 实验设备

实验中所需实验设备如表 3.1.14 所示。

表 3.1.14 实验设备

名称	型号	数量
三相鼠笼异步电动机(△/220 V)	DJ24	1
继电接触控制挂箱(一)	D61	1
继电接触控制挂箱(二)	D62	1

屏上挂件排列顺序：D61，D62。注意：若未购买 D62 挂箱，图 3.1.11～图 3.1.13 中

的 Q_1 和 FU 可用控制屏上的接触器和熔断器代替,学生可从 U、V、W 端子开始接线。

3. 实验方法

实验前要检查控制屏左侧端面上的调压器旋钮是否在零位,下面"直流电动机电源"的"电枢电源"开关及"励磁电源"开关是否在"关断"位置。开启"电源总开关",按下"启动"按钮,旋转调压器旋钮将三相交流电源输出端 U、V、W 的线电压调到 220 V。再按下控制屏上的"关"按钮以切断三相交流电源。以后在实验接线之前都应如此。

1) 三相异步电动机点动控制电路

按图 3.1.11 所示接线。图中 SB_1、KM_1 选用 D61 挂件上元器件;Q_1、FU_1、FU_2、FU_3、FU_4 选用 D62 挂件上元器件;电动机选用 DJ24(△/220 V)。接线时,先接主电路,即将从 220 V 三相交流电源的输出端(U、V、W)开始,经三刀开关 Q_1、熔断器(FU_1、FU_2、FU_3)、接触器 KM_1 主触点到电动机 M 的三个线端(A、B、C)的电路,用导线按顺序串联起来,有三路。主电路经检查无误后,再接控制电路,从熔断器 FU_4、插孔 V 开始,经按钮 SB_1 常开、接触器 KM_1 线圈到插孔 W。线接好后,经指导教师检查无误后,按下列步骤进行实验:

(1) 按下控制屏上的"开"按钮;

(2) 先合上 Q_1,接通三相交流 220 V 电源;

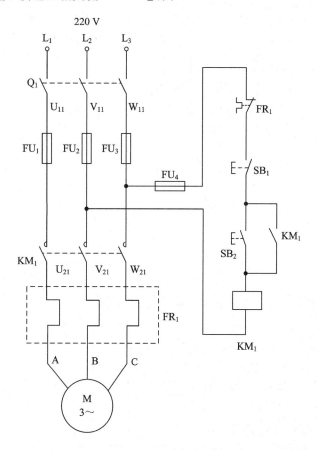

图 3.1.11　点动控制电路

（3）按下启动按钮 SB₁ 对电动机 M 进行点动操作，比较按下 SB₁ 和松开 SB₁ 时电动机 M 的运转情况。

2）三相异步电动机自锁控制电路

按下控制屏上的"关"按钮以切断三相交流电源。按图 3.1.12 所示接线，图中 SB₁、SB₂、KM₁、FR₁ 选用 D61 挂件；Q₁、FU₁、FU₂、FU₃、FU₄ 选用 D62 挂件；电动机选用 DJ24(△/220 V)。

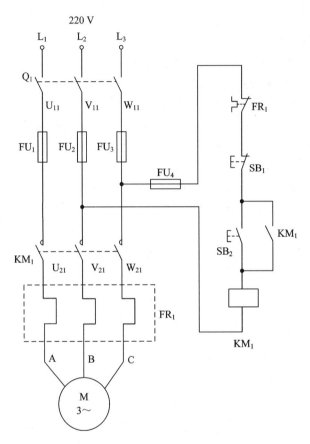

图 3.1.12　自锁控制电路

检查无误后，启动电源进行实验：

（1）合上开关 Q₁，接通三相交流 220 V 电源；

（2）按下启动按钮 SB₂，松手后观察电动机 M 的运转情况；

（3）按下停止按钮 SB₁，松手后观察电动机 M 的运转情况。

3）三相异步电动机既可点动又可自锁控制电路

按下控制屏上的"关"按钮，切断三相交流电源后，按图 3.1.13 所示接线。图中 SB₁、SB₂、SB₃、KM₁、FR₁ 选用 D61 挂件；Q₁、FU₁、FU₂、FU₃、FU₄ 选用 D62 挂件；电动机选用 DJ24(△/220 V)。检查无误后通电实验：

（1）合上 Q₁，接通三相交流 220 V 电源。

（2）按下启动按钮 SB₂，松手后观察电动机 M 是否继续运转。

（3）电动机运转 30 s 后按下 SB₃，然后松开，观察电动机 M 是否停转；连续按下和松开 SB$_3$ 观察此时属于什么控制状态。

（4）按下停止按钮 SB$_3$，松手后观察 M 是否停转。

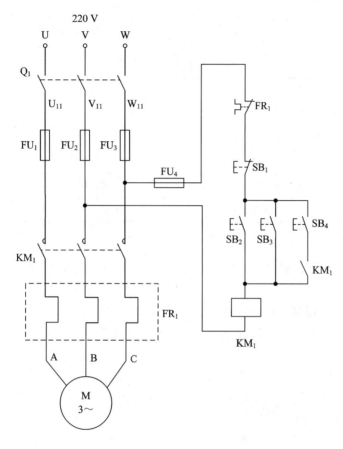

图 3.1.13　即可点动又可自锁控制电路

4. 讨论题

（1）什么叫点动？什么叫自锁？比较图 3.1.11 和图 3.1.12 在结构和功能上有什么区别。

（2）各图中 Q$_1$、FU$_1$、FU$_2$、FU$_3$、FU$_4$、KM$_1$、FR$_1$、SB$_1$、SB$_2$、SB$_3$ 各起什么作用？已经使用了熔断器为何还要使用热继电器？已经有了开关，为何还要使用接触器？

（3）图 3.1.12 所示电路能否对电动机实现过流、短路、欠压和失压保护？

（4）画出图 3.1.11、图 3.1.12 及图 3.1.13 的工作原理流程图。

3.1.6　三相异步电动机的正反转控制

1. 实验目的

（1）通过对三相异步电动机正反转控制电路的接线，掌握由电路原理图接成实际操作电路的方法。

（2）掌握三相异步电动机正反转的原理和方法。

（3）掌握手动控制正反转控制电路、接触器联锁正反转控制电路、按钮联锁正反转控制电路，以及按钮和接触器双重联锁正反转控制电路的不同接法，并熟悉在操作过程中有哪些不同之处。

2．实验设备

实验设备如表 3.1.15 所示。

表 3.1.15　实验设备

名　　称	型号	数量
三相鼠笼异步电动机(△/200 V)	DJ24	1
继电接触控制挂箱(一)	D61	1
继电接触控制挂箱(二)	D62	1
摇表(兆欧表)	VC60B	1
钳形电流表	VC6056B	1

3．基本原理

电动机铭牌上的额定值是正确使用电动机的主要依据，在电动机通电之前必须熟悉它的意义。对电动机的电气部分和机械部分(例如转动部分)也要先做检查，以免发生事故。测定绝缘电阻是电气部分检查项目之一，而且是基本的项目。

要使鼠笼式三相异步电动机按生产工艺要求正常运行，方法较多。目前，继电接触控制仍大量应用于对电动机的启动、制动、停止、正反转及调速等控制中，使生产机械能按既定的顺序动作，同时也能对电动机和生产机械进行保护。

目前，对电动机和生产机械的控制方式大致有时间控制、行程控制、电流控制和速度控制等几种，其中时间控制和行程控制应用得比较广泛。

本实验利用交流接触器、按钮等电气元件实现对三相异步电动机的启动和正反转、停止等控制。

4．实验内容及步骤

(1) 电动机绝缘电阻的测定。

将电动机三相绕组分开，用 500 V 表(兆欧表)测量相与相、相与机壳之间的绝缘电阻。对于 500 V 以下电气设备，要求阻值不低于 1 kΩ/V，否则算不合格。将数据填入表 3.1.16 中。

表 3.1.16　绝缘电阻记录　　　　　　　单位：A

项目	对地绝缘			相间绝缘		
	A 相	B 相	C 相	A 与 B	C 与 B	A 与 C
绝缘电阻						
是否合格						

(2) 观察电动机、电气元件的外形、结构，并记录铭牌数据。

电动机：型号＿＿＿＿＿；功率＿＿＿＿＿；电压＿＿＿＿＿；电流＿＿＿＿＿；转速＿＿＿＿＿；接法＿＿＿＿＿。

交流接触器：型号＿＿＿＿＿＿；线圈电压＿＿＿＿＿＿；额定电流＿＿＿＿＿＿。

（3）按图 3.1.14 所示电路接线，使电动机正转 30 s 后反转工作，最后停止。反复启动正转、反转操作，观察电动机转向，并测量正转、反转启动和稳定运行的电流，将数据记于表 3.1.17 中。

表 3.1.17　实验数据记录　　　　　　　单位：A

电流数据 测量次数	正　转		反　转	
	启动电流	稳态电流	启动电流	稳态电流
第 1 次测量				
第 2 次测量				
第 3 次测量				

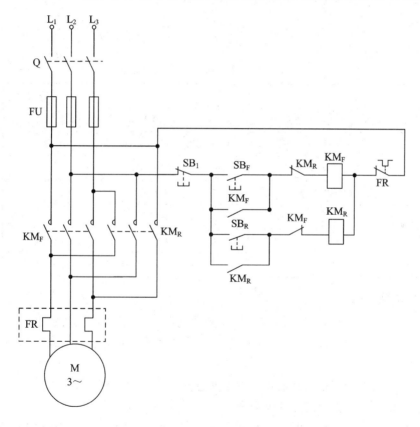

图 3.1.14　电动机正反转控制电路

5. 实验报告要求

（1）根据电动机铭牌数据，计算在额定情况下的输入功率及额定功率。电动机额定功率因数为 0.84。

（2）根据电动机的工作原理说明为什么本次实验电动机正转后反转的启动电流比正转的启动电流大。

（3）请自己设计一个能在两处控制电动机既能点动运行又能连续运行的控制电路。

(4) 交流接触器线圈额定电压为 380 V，若误接到交流 220 V 电源上，会产生什么后果？为什么？

3.2　电路实验(多学时)

3.2.1　电路元件伏安特性的测绘

1. 实验目的

(1) 学会识别常用电路元件的方法。

(2) 掌握线性电阻、非线性电阻元件伏安特性的测绘。

(3) 掌握实验台上直流电工仪表和设备的使用方法。

2. 实验设备

实验所需设备见表 3.2.1。

表 3.2.1　实 验 设 备

名　　称	型号与规格	数量
可调直流稳压电源	0～30 V	1
万用表	FM - 47 或其他	1
直流数字毫安表	0～200 mA	1
直流数字电压表	0～200 V	1
二极管	IN4007	1
稳压管	IN4729	1
线性电阻器	200 Ω，1 kΩ/8 W	1

3. 实验原理说明

任何一个二端元件的特性可用该元件上的端电压 U 与通过该元件的电流 I 之间的函数关系 $I = f(U)$ 来表示，即用 I - U 平面上的一条曲线来表征，这条曲线称为该元件的伏安特性曲线。

(1) 线性电阻器的伏安特性曲线是一条通过坐标原点的直线，如图 3.2.1 中直线 a 所示，该直线的斜率等于该电阻器的电阻值。

(2) 一般的白炽灯在工作时灯丝处于高温状态，其灯丝电阻随着温度的升高而增大。通过白炽灯的电流越大，其温度越高，阻值也越大，一般灯泡的"冷电阻"与"热电阻"的阻值可相差几倍至十几倍，所以它的伏安特性如图 3.2.1 中曲线 b 所示。

(3) 二极管是一个非线性电阻元件，其伏安特性如图 3.2.1 中曲线 c 所示。正向压降很小(一般的锗管约为 0.2～0.3 V，硅管约为 0.5～0.7 V)，正向电流随正向压降的升高而急骤上升；而反向电压从零开始一直增加到十几伏至几十伏时，其反向电流增加很小，粗略地可视为零。可见，二极管具有单向导电性。但反向电压加得过高，超过二极管反向击穿电压极限值，则会导致管子被击穿而损坏。

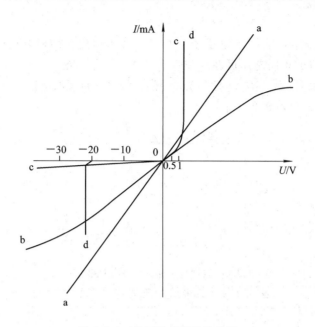

图 3.2.1　各元件伏安特性曲线

（4）稳压二极管是一种特殊的半导体二极管，其正向特性与普通二极管类似，但其反向特性较特别，如图 3.2.1 中曲线 d 所示。在反向电压开始增加时，其反向电流几乎为零。但是，当电压增加到某一数值（称为管子的稳压值，有各种不同稳压值的稳压管）时电流将突然增加，以后它的端电压将基本维持恒定，当外加的反向电压继续升高时其端电压仅有少量增加。

注意：流过二极管或稳压二极管的电流不能超过管子的极限值，否则管子会被烧坏。

4．实验内容

1）测定线性电阻器的伏安特性

按图 3.2.2 接线，调节稳压电源 V_s 的输出电压，让其从 0 V 开始缓慢地增加，一直到 10 V，记下相应的电压表和电流表的读数 U_R、I，填入表 3.2.2 中。

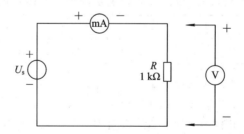

图 3.2.2　线性电阻器的伏安特性测定电路

表 3.2.2　线性电阻器的伏安特性实验数据

U_s/V	0	2	4	6	8	10
U_R/V						
I/mA						

2) 测定半导体二极管的伏安特性

按图 3.2.3 接线，R 为限流电阻器。测二极管的正向特性时，其正向电流不得超过 35 mA，二极管 VD 的正向施压可在 0～0.75 V 之间取值。在 0.5～0.75 V 之间应多取几个测量点。测反向特性时，只需将图 3.2.3 中的二极管 VD 反接，且其反向施压可达 30 V。将数据填入表 3.2.3 和表 3.2.4 中。

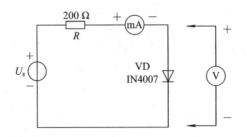

图 3.2.3　线性电阻器的伏安特性测定电路

表 3.2.3　二极管的正向特性实验数据

U_s/V								
U_{VD}/V	0.10	0.30	0.50	0.55	0.60	0.65	0.70	0.75
I/mA								

表 3.2.4　二极管的反向特性实验数据

U_s/V							
U_{VD}/V	0	−5	−10	−15	−20	−25	−30
I/mA							

3) 测定稳压二极管的伏安特性

(1) 正向特性实验：将图 3.2.3 中的二极管换成稳压二极管 IN4729，重复实验内容 2)中的正向测量。将数据记入表 3.2.5 中。

表 3.2.5　稳压二极管的正向特性实验数据

U_s/V							
U_Z/V	0.1	0.3	0.5	0.6	0.65	0.7	0.75
I/mA							

(2) 反向特性实验：将图 3.2.3 中的 R 换成 1 kΩ，IN4729 反接，测量 1N4729 的反向特性。稳压电源的输出电压 U_s 从 0～20 V，测量 IN4729 二端的电压 U_Z 及电流 I，由 U_Z 可看出其稳压特性。将数据记入表 3.2.6 中。

表 3.2.6　稳压二极管的反向特性实验数据

U_s/V	0	2	4	6	8	10	12	14	16	18	20
U_Z/V											
I/mA											

5．实验注意事项

(1) 测二极管正向特性时，稳压电源输出应由小至大逐渐增加，时刻注意电流表读数不得超过 35 mA。

(2) 进行不同实验时，应先估算电压和电流值，合理选择仪表的量程，勿使仪表超量程，仪表的极性亦不可接错。

6．预习思考题

(1) 线性电阻与非线性电阻的概念是什么？电阻器与二极管的伏安特性有何区别？

(2) 设某器件伏安特性曲线的函数式为 $I = f(U)$，在逐点绘制曲线时，其坐标变量应如何放置？

(3) 稳压二极管与普通二极管有何区别，其用途如何？

7．实验报告要求

(1) 电阻器的伏安特性是什么？作出伏安特性直线图。

(2) 二极管 IN4007 的伏安特性曲线正向偏置伏安特性是什么？作出伏安特性图，并使用指数规律拟合曲线。1N4007 反向偏置伏安特性是什么？作出伏安特性图。

(3) 稳压管 IN4729 正反向的伏安特性是什么？作出伏安特性图。

3.2.2　电压源和电流源的特性测试

1．实验目的

(1) 掌握电源外特性的测试方法。

(2) 验证电压源与电流源等效变换的条件。

2．实验设备

实验所需实验设备如表 3.2.7 所示。

表 3.2.7　实 验 设 备

名　　称	型号与规格	数量
可调直流稳压电源	SPD3303C	1
可调直流恒流源	SPD3303C	1
数字万用表	UT890D+	1
戴维南验证实验板	自制	1

3．原理说明

(1) 一个直流稳压电源在一定的电流范围内具有很小的内阻，故在实际使用中常将它视为一个理想的电压源，即其输出电压不随负载电流而变。其外特性，即其伏安特性 $U = f(I)$ 是一条平行于 I 轴的直线。一个恒流源在实际使用中，在一定的电压范围内，可视为一个理想的电流源。

(2) 一个实际的电压源(或电流源)，其端电压(或输出电流)不可能不随负载而变，因为它具有一定的内阻值。所以在实验中，用一个小阻值的电阻(或大电阻)与稳压源(或恒流源)相串联(或并联)来模拟一个电压源(或电流源)。

（3）一个实际的电源，就其外部特性而言，既可以看成是一个电压源，又可以看成是一个电流源。若视为电压源，则可用一个理想的电压源 E_s 与一个电阻 R_0 相串联的组合来表示；若视为电流源，则可用一个理想电流源 I_s 与一电导 g_0 相并联的组合来表示；若它们向同样大小的负载提供同样大小的电流和端电压，则称这两个电源是等效的，即具有相同的外特性。一个电压源与一个电流源等效变换的条件为

$$I_s = \frac{E_s}{R_0}, \quad g_0 = \frac{1}{R_0}$$

或

$$E_s = I_s R_0, \quad R_0 = \frac{1}{g_0}$$

实验原理电路如图 3.2.4 所示。

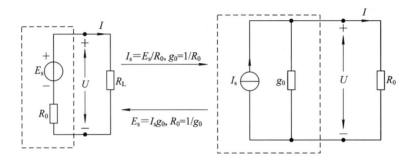

图 3.2.4　实验原理电路

4. 实验内容及步骤

1）测定直流稳压电源与电压源的外特性

（1）按图 3.2.5 所示接线，E_s 为 +6 V 直流稳压电源，调节 R_2，令其阻值由大至小变化，将电压表与电流表的读数记入表 3.2.8 中。表中，$R_L = R_1 + R_2$。

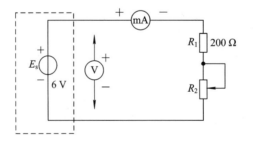

图 3.2.5　测定直流稳压电源的外特性

表 3.2.8　直流稳压电源外特性

R_L/Ω	200	300	400	500	600	700	800	900
U/V								
I/mA								

（2）按图 3.2.6 所示接线，虚线框可模拟为一个实际的电压源，调节电位器 R_2 令其阻

值由大至小变化，读取电压表与电流表的数据，记入表 3.2.9 中。

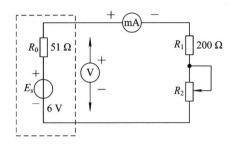

图 3.2.6　测定实际电压源的外特性

表 3.2.9　实际电压源外特性（$R_0 = 51\ \Omega$）

R_L/Ω	200	300	400	500	600	700	800	900
U/V								
I/mA								

2）测定电流源的外特性

按图 3.2.7 接线，I_s 为直流恒流源，调节其输出为 5 mA，令 R_0 的值分别为 1 kΩ 和 ∞，调节电位器 R_L（从 0～470 Ω），测出这两种情况下的电压表和电流表的读数。实验数据记入表 3.2.10 和表 3.2.11 中。

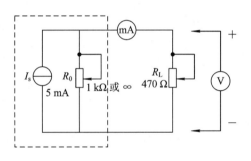

图 3.2.7　测定电流源的外特性

表 3.2.10　恒流源外特性（$R_0 = \infty$）

R_L/Ω	100	200	300	400	470
U/V					
I/mA					

表 3.2.11　实际电流源外特性（$R_0 = 1\ \text{k}\Omega$）

R_L/Ω	100	200	300	400	470
U/V					
I/mA					

3）测定电源等效变换的条件

按图 3.2.8 所示电路接线，首先读取图 3.2.8(a)所示电路中两表的读数；然后调节图

3.2.8(b)所示电路中恒流源 I_s(取 $R_s' = R_s$,),令两表的读数与图 3.2.8(a)时的数值相等,记录 I_s 之值,验证等效变换条件的正确性。数据记入表 3.2.12 中。

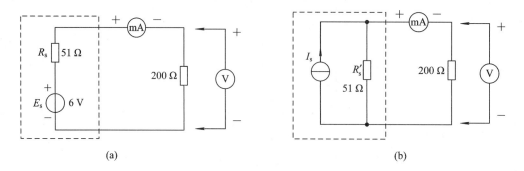

(a)　　　　　　　　　　　　　　　(b)

图 3.2.8　电源等效变换电路

表 3.2.12　电源等效变换

U/V	I/mA	I_s/mA

5. 实验注意事项

(1) 在测电压源外特性时,不要忘记测空载时的电压值;测电流源外特性时,不要忘记测短路时的电流值。注意恒流源负载电压不可超过 20 V,负载更不可开路。

(2) 换接线路时,应关闭电源开关。

(3) 直流仪表的接入应注意极性与量程。

6. 预习思考题

(1) 直流稳压电源的输出端为什么不允许短路?直流恒流源的输出端为什么不允许开路?

(2) 电压源与电流源的外特性为什么呈下降变化趋势?稳压源和恒流源的输出在不同负载下是否保持恒值?

7. 实验报告要求

(1) 根据实验数据用 Excel 拟合绘出四条外特性曲线,并总结归纳各类电源的特性。

(2) 根据实验结果,验证电源等效变换的条件。

(3) 心得体会及其他。

3.2.3　戴维南定理的验证

1. 实验目的

(1) 验证戴维南定理的正确性,加深对该定理的理解。

(2) 掌握测量有源二端网络等效参数的一般方法。

(3) 学会电路中数据处理的方法。

2. 实验设备

本实验所需实验设备见表 3.2.13。

表 3.2.13　实 验 设 备

名称	型号与规格	数量
直流稳压电源	SPD3303C	1
数字万用表	UT890D+	1
戴维南验证实验板	自制	1

3. 实验原理

1）戴维南定理

任何一个线性含源网络，如果仅研究其中一条支路的电压或电流，则可将电路的其余部分看作是一个有源二端网络。

戴维南定理指出：任何一个线性含源网络，总可以用一个电压源与一个电阻的串联来等效代替，此电压源的电动势 U_S 等于有源二端网络的开路电压 U_{OC}，其等效内阻等于该网络中所有独立源均置零（理想电压源视为短路，理想电流源视为开路）时的等效电阻。

2）有源二端网络等效参数的测量方法

（1）开路电压、短路电流法测 R_0。在有源二端网输出端开路时，用电压表直接测出开路电压 U_{OC}，然后再将其输出端短路，用电流表测其短路电流 I_{SC}，则等效电阻为

$$R_0 = \frac{U_{OC}}{I_{SC}}$$

如果二端网络的内阻很小，短路其输出端易损坏内部元件，因此不宜用此法。

（2）伏安法测 R_0。先测量开路电压 U_{OC}，再连接一个负载电阻 R_L 后测出输出端电压 U_L 及电流 I_L，则有

$$R_0 = \frac{U_{OC} - U_L}{I_L}$$

（3）半电压法测 R_0。改变负载电阻，当输出端电压 U_L 为 U_0 的一半时，负载电阻即为被测有源二端网络的等效电阻值。

（4）零示法测 U_{OC}。在测量具有高内阻有源二端网络的开路电压时，用电压表直接测量，电压表的内阻会造成较大的误差。为了消除电压表内阻的影响，往往使用一个低内阻的电压源与被测有源二端网络进行比较。当该电源电压与有源二端网络的开路电压相等时，电源的电压即为网络的 U_{OC}。

4. 实验内容和步骤

1）了解戴维南定律实验板

电路板左上角接 24 V 直流电源，其中 24 V+接正极，24 V−接负极。恒压源在左下角，输出范围为 3～20 V。恒流源在下部中间位置，输出范围为 3～30 mA。右下角为电流测试电路，它的功能是将电流源的输出转化为电压测量，1 mA 对应输出 0.5 V。电路板上部左边为戴维南定律测试电路，右边为负载电阻阵列。实物照片如图 3.2.9 所示。被测有源二端网络如图 3.2.10(a) 所示。

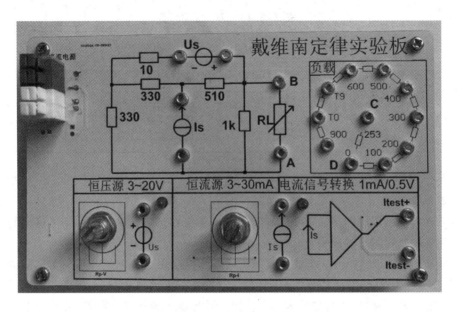

图 3.2.9 实验电路板实物图

2) 连接电路

首先调节 Rp-V，让恒压源输出约为 12 V；调节 Rp-I，让恒流源输出约为 10 mA(测试 Itest＋和 Itest－之间的电压约为 5 V)。使用导线将恒压源、恒流源连接到上部的实验电路中，注意各电源的极性。

3) 开路电压、短路电流法测内阻

用开路电压、短路电流法测定戴维南等效电路的 U_{OC}、R_0 和诺顿等效电路的 I_{SC}、R_0。在图 3.2.10(a)中不接入负载 RL，测出 U_{OC} 和 I_{SC}，并计算出 R_0。将数据填入表 3.2.14 中。

表 3.2.14 开路电压与短路电流法记录表

U_{OC}/V	I_{SC}/mA	$R_0 = U_{OC}/I_{SC}$

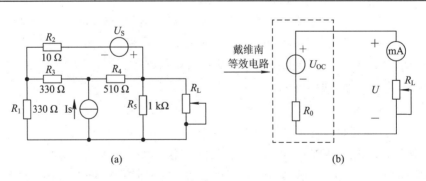

(a)   (b)

图 3.2.10 戴维南定理验证实验电路图

4) 负载实验测等效内阻

改变图 3.2.10(a)RL 的阻值，测量有源二端网络的外特性曲线。将实验数据填入表 3.2.15 中。通过直线拟合的方法求解有源二端电路的内部等效电阻。

表 3.2.15　U-I 关系记录表 1

R_L/Ω	100	200	300	400	500	600	700	800	900
U/V									
I/mA									

5）验证戴维南定理

调节可变电阻器，让其值等于从电阻阵列中按步骤 3）所得的等效内阻 R_0 之值，然后将 R_0 与直流稳压电源（调到步骤 3）所测得的开路电压 U_{OC} 之值）相串联，如图 3.2.10（b）所示，仿照步骤 4）测其外特性，对戴维南定理进行验证。将数据填入表 3.2.16 中。

表 3.2.16　U-I 关系记录表 2

R_L/Ω	100	200	300	400	500	600	700	800	900
U/V									
I/mA									

5. 实验注意事项

（1）注意测量时，电流的测量是通过 I/U 电路转换后得到的，使用万用表测量 I/U 电路的输出电压就得到电流。

（2）电源置零时不可将稳压源短接。

（3）用万用表直接测 R_0 时，网络内的独立源必须先置零，以免损坏万用表，使用欧姆挡测量电阻。

（4）改接线路时，要关掉电源。

6. 预习思考题

（1）在求戴维南等效电路时，作短路实验，测 I_{SC} 的条件是什么？在本实验中可否直接作负载短路实验？请在实验前对线路预先作好计算，以便调整实验线路，在测量时可准确地选取电表的量程。

（2）说明测有源二端网络开路电压及等效内阻的几种方法，并比较其优缺点。

7. 实验报告要求

（1）根据步骤 4）和 5），在计算机软件（比如 Matlab、Excel 和 Origin）中输入实验数据，使用直线拟合方法得到直线的斜率，并计算等效电阻，验证戴维南定理的正确性。

（2）归纳、总结实验结果。

（3）根据实验电路，计算测试电路的理论开路电压 U_{oc} 与等效内阻 R_0，并使用电路仿真软件 TINA 进行仿真实验，与实验数据对比，说明产生误差的原因。

（4）回答思考题：在求戴维南等效电路时，作短路实验，测 I_{SC} 的条件是什么？

3.2.4　受控源的设计和研究——VCCS 和 VCVS（虚拟仿真）

1. 实验目的

（1）通过测试受控源的外特性及转移特性，进一步理解受控源的物理概念，加深对受控源的认识和理解。

（2）学会搭建 VCVS 电路。

（3）熟悉 TINA – TI 基本操作。

2. 实验设备

TINA – TI 仿真软件、计算机。

3. 实验原理

（1）受控源和独立源的不同之处：独立源电压或电流是定值，或者只是时间的函数，是电路响应（电压和电流）形成的原因，是激励；而受控源则是用来反映一条支路电流或电压受别的支路电压或电流控制的特性，不是电路响应形成的原因，不是激励。

（2）受控源与电阻的不同之处：受控源是含源器件模型，即受控源内部本身含有电源，在电路激励作用下，有可能对外发出功率，可以等效为负电阻，也有可能在电路激励作用下吸收功率，等效为正电阻。而电阻元件始终吸收功率。

（3）受控源是四端元件，由两条支路组成：其第一条支路是控制支路，呈开路或短路状态；第二条支路是受控支路，是一个电压源或电流源，其电压或电流的量值受第一条支路电压或电流的控制。

（4）受控源分为四种类型，如图 3.2.11 所示，分别是电压控制的电流源 VCCS、电压控制的电压源 VCVS、电流控制的电流源 CCCS、电流控制的电压源 CCVS。图中，μ 为电压系数，g 为跨导，r 为跨阻，α 为电流系数。

（5）当受控源的电压（或电流）与控制量之比是常数时，称其为线性受控源。

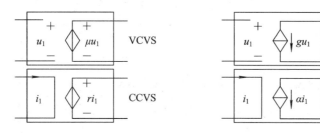

图 3.2.11　受控电源的四种类型

4. 实验内容和步骤

1）测试 VCVS 的转移特性 $U_2 = f(U_1)$ 和负载特性 $U_2 = f(I_L)$

在 TINA – TI 9 编辑界面中，按图 3.2.12 创建电压控制电压源（VCVS）测试电路。

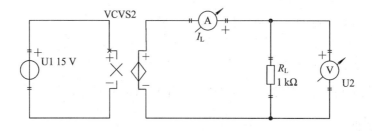

图 3.2.12　VCVS 测试电路

（1）测试电压传输特性。

① 负载电阻固定，在 TINA - TI 平台中点击"分析"→"直流分析"→"直流传输特性
…"，获取传输特性曲线（设定参数 U_1 起始值为 0 V，终止值为 8 V，采样数为 9），记录
波形。

② 根据表 3.2.17 改变控制电压 U_1 的大小，测得输出电压 U_2，记入表中，并使用
Excel 软件进行直线拟合，得到电压控制系数。

表 3.2.17　VCVS 电压传输特性数据记录表

U_1/V	0	1	2	3	4	5	6	7	8
U_2/V									

（2）测试负载特性。保持控制电压 U_1 为 2 V，改变负载 R_L 的大小，让阻值从 50～
1000 Ω 变化，测量输出电压 U_2 和输出电流 I_L，填入表 3.2.18 中。研究该受控源的负载特
性，使用 Excel 软件进行数据处理，求出其内阻。

表 3.2.18　VCVS 负载特性数据记录表

R_L/Ω	50	70	100	200	300	400	500	600	1000
U_2/V									
I_L/mA									

2）测试 VCCS 的转移特性 $I_L = f(U_{in})$ 和负载特性 $I_L = f(U_L)$

工业领域的传感器一般都输出电压信号，输出电压有 0～5 V 或者 0～10 V 两种类型。
随着传输信号电缆长度的增加，电压信号会衰减，容易受到外界电磁场的干扰，影响传感
器的精度和可靠性；但电流信号不一样，只要是闭环回路，就不会衰减，最大的传输距离
可以达到 1.6 km，而且抗干扰能力很强。所以在远距离传送信号时，需要将传感器的电压
信号转化为电流信号，其本质上就是一个电压控制电流源。电流信号类型一般有 4～20 mA
和 0～20 mA 两种。

如图 3.2.13 所示为电压-电流变换器电路。U_{in} 为控制电压，I_L 为输出电流。供电电源
为 32 V，运算放大器为 OPA251，电容 C_2 和 C_3 用于防止放大器产生高频自激，C_1 和 C_4
为去耦电容。其余为反馈电阻。

（1）测试转移特性。将 U_{in} 从 0 V 开始，每次增大 2 V，直到 20 V，分别测量电流 I_L 的
读数，填入表 3.2.19 中。然后画出该受控电源的输出电流与控制电压之间的关系曲线，使
用 Excel 软件进行直线拟合，得到跨导系数，并说出该电路的线性工作范围是多少。

表 3.2.19　VCCS 转移特性数据记录表

U_{in}/V	0	2	4	6	8	10	12	14	16	18	20
I_L/mA											

（2）测试负载特性。将 U_{in} 设置为直流 5 V，在电流表处再串联一个电阻 R_L，阻值从
0～500 Ω 变化，每次增加 50 Ω，测量负载电流 I_L 及电压 U_L，填入表 3.2.20 中。研究该受
控源的负载特性 $I_L = f(U_L)$，使用 Excel 软件进行数据处理，求出其内阻。

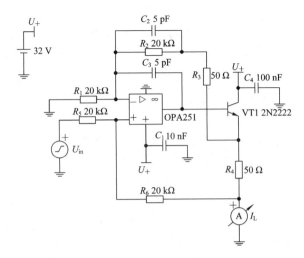

图 3.2.13　电压-电流变换器(VCCS)电路

表 3.2.20　VCCS 负载特性数据记录表

R_L/Ω	0	50	150	200	250	300	350	400	450	500
U_L/V										
I_L/mA										

5. 实验注意事项

注意电路中元器件的型号与参数设置,不要出错,错了自己要学会排错。

6. 预习思考题

(1) 四种受控源和独立源相比有何不同?控制系数的含义是什么?分别是什么单位?

(2) 受控源是否适合交流电路?

(3) 熟悉电路仿真软件 TINA 的使用。

7. 实验报告要求

(1) 根据数据处理结果分析电压控制电压源(VCVS)的转移特性和负载特性。

(2) 根据数据处理结果分析电压控制电流源(VCCS)的转移特性和负载特性。

(3) 归纳、总结实验结果。

(4) 要求详细记录实验过程和实验数据,并截取各种图表,以电子文档和纸质两种形式提供实验报告。

3.2.5　二阶电路的响应

二阶电路的响应

1. 实验目的

(1) 加深对二阶电路动态过程的理解。

(2) 掌握 RLC 串联电路欠阻尼、临界阻尼和过阻尼三种工作状态。

(3) 理解二阶电路的应用实例。

2. 实验设备

实验所需要的设备如表 3.2.21 所示。

表 3.2.21　实 验 设 备

名　　称	型号与规格	数量
函数信号发生器	SDG1032X	1
双通道数字示波器	SDS1102A	1
直流稳压电源	SPD3303C	1
RLC 二阶电路实验板	自制	1

3. 实验原理

用二阶线性常微分方程描述的电路称为二阶电路，二阶电路中至少含有两个储能元件。二阶电路微分方程是一个含有二次微分的方程，由二阶微分方程描述的电路称为二阶电路。分析二阶电路的方法仍然是建立二阶微分方程，并利用初始条件求解得到电路的响应。二阶方程一般都为齐次方程。

齐次方程的通解一般分为三种情况（RLC 串联时）：

（1）$s_1 \neq s_2$ 为两个不等的实根（称过阻尼状态）

$$f_h = A_1 e^{s_1 t} + A_2 e^{s_2 t}$$

此时，$R > 2\sqrt{\dfrac{L}{C}}$，二阶电路为过阻尼状态。

（2）$s_1 = s_2 = \sigma$ 为相等实根（称临界状态）

$$f_h = (A_1 + A_2) e^{\sigma t}$$

此时，$R = 2\sqrt{\dfrac{L}{C}}$，二阶电路为临界状态。

（3）$s_{1,2} = -\sigma \pm j\omega$ 为共轭复根（称欠阻尼状态）

$$f_h = A e^{-\sigma t} \sin(\omega t + \varphi)$$

此时，$R < 2\sqrt{\dfrac{L}{C}}$，二阶电路为欠阻尼状态。

在二阶电路中，这三个状态决定了电路中的电流电压关系以及电流电压波形。

改变电路中的 R、L 或 C，均可使电路发生以上三种不同性质的振荡过程。

4. 实验内容和步骤

很多开关电路中使用快速可控的开关管来实现信号或者电能的转换，当开关管开通或者关断时，电路中的参数就影响开关管的耐压安全。为了观察二阶电路参数对开关管耐压的影响，特设计此实验。

实验电路如图 3.2.14 所示，图 3.2.15 为实验电路板实物图。电感 L_1 为 470 μH，电阻 R_1、R_2、R_3 分别为 10 Ω、100Ω 和 1000Ω，电容 C_1、C_2、C_3 分别为 1 nF、100 nF、1 μF，场效应管 V_1 和二极管串联当作一个开关使用。R_4、R_5 和 VD_1 是用来保护场效应管 V_1 的，

PWM+为开关管 V_1 的控制信号的正极,PWM−为控制信号的负极。5 V+为 5 V 直流电源的正极,5 V−为电源负极。通过 L、R、C 三个器件可以连接成串联电路,观察二阶电路的动态响应过程和参数。

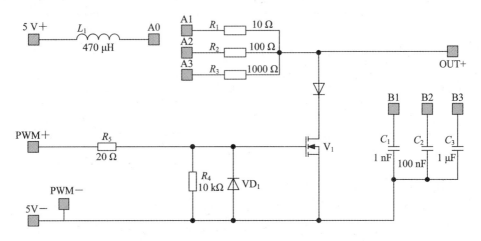

图 3.2.14　实验电路图

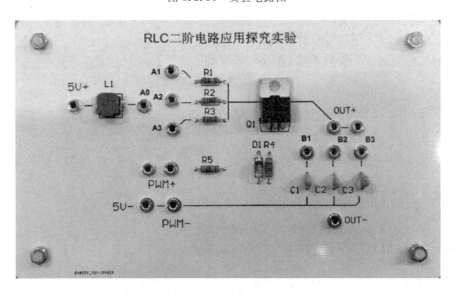

图 3.2.15　实验电路板实物图

实验步骤如下:

(1) 将直流电源调节为 5 V,并连接到电路板(注意极性),待用。

(2) 使用信号发生器输出频率为 1 kHz、占空比为 50% 的单极性方波,接入实验板 PWM+和 PWM−(注意极性)。

(3) 过阻尼现象观察。连接端子 A0、A1($R = 1000$ Ω),连接端子 OUT +、B3($C = 1$ μF)。

(4) 使用双通道示波器观测输入 PWM 波形和输出 OUT 过阻尼波形,并记录波形。

(5) 欠阻尼波形观察测试。根据表 3.2.22 选择 R、C 参数,观测输入 PWM 波形和输出 OUT 欠阻尼波形，并记录波形；测量信号的振荡周期以及波形的正峰值，并记录到表 3.2.22 中。

表 3.2.22 数据记录表

L, C, R 参数		峰值 1 U_{m1}	峰值 2 U_{m2}	峰值 3 U_{m3}	周期 T/s	$\omega/(rad/s)$ 计算值	输出波形
$L=470\ \mu H$	$R=1000\Omega$ $C=1\ nF$						
	$R=10\ \Omega$ $C=1\ nF$						
	$R=10\ \Omega$ $C=100\ nF$						

5. 实验注意事项

（1）使用函数信号发生器输出 PWM 波，并利用双通道示波器进行信号测量时，要注意两个仪器的公共地要连接在一起。

（2）更换连线时，关闭 5 V 电源输出。

6. 预习思考题

（1）根据实验板给出的元件参数，若取 $L=470\ \mu H$，$C=1\ \mu F$，欲使电路处于临界阻尼状态，电阻需取多大？

（2）当开关管 V_1 从开通到关断状态时，电感的初始电流为多少？

（3）在电感初始电流不变的情况下，开关管上的最大电压与电容的关系是什么？

7. 实验报告要求

（1）根据测量数据，通过峰值进行曲线拟合计算。用曲线拟合的方式绘制出输出波形峰值曲线并计算衰减系数 σ。

（2）分析欠阻尼三组实验数据，分析判断 U_{out} 电压的最大值与哪些因素有关。

（3）任选一组数据，通过理论计算，写出输出电压 U_{out} 的表达式，并与拟合后的公式结果进行对比分析。

（4）回答思考题。

（5）心得体会及其他。

3.2.6 电感线圈参数的测量

1. 实验目的

（1）学会使用正弦稳态电路分析的方法测量线圈的参数。

（2）学会从实验原理出发，自行设计实验方案、选择实验仪器。

2. 实验设备

实验所需要的设备如表 3.2.23 所示。

表 3. 2. 23　实 验 设 备

名称	型号与规格	数量
函数信号发生器	SDG1032X	1
双通道数字示波器	SDS1102A	1
数字万用表	UT890D+	1
线圈参数测量实验板	自制	1

3. 实验原理

线圈指将金属导线在骨架材料(或空心)上绕制而成的器件,在低频激励下,它可以看作是由理想电感和电阻组成的,如图 3.2.16 所示。它的电感和电阻这两个参数无法像单一电感和电阻器件那样单独测量得到,测量 L、R 参数必须运用正弦稳态电路基本理论和方法,通过设计实验得到。大致的方法有以下四种。

图 3.2.16　线圈模型图

1) 谐振法

如图 3.2.17 所示,将线圈等效成电感和电阻,然后串联一个已知电容 C_1 及电阻 R_1,等效成 RLC 串联电路。连接好函数发生器,并使用示波器的第一通道观察函数发生器的输出正弦波,幅度大小不变,为有效值 U_i;同时使用示波器的第二通道观察电阻 R_1 上的电压波形,改变函数发生器的输出频率 f,让频率从小到大。当正弦信号频率 f 改变时,电路中的感抗和容抗随之改变,电路中的电流也随 f 而变。在不同信号频率的激励下,取通道 2 上电阻 R_1 电压作为观察对象,观察输出电压幅度变化,寻找输出电压的最大值,并记录此时的频率 f 和电压 U_R。

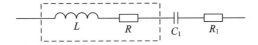

图 3.2.17　谐振法测线圈参数示意图

根据上面的现象可知,电阻上的电压达到最大值时,电路发生谐振现象。谐振状态下

$$X_C = X_L$$

所以有

$$L = \frac{1}{4\pi^2 f^2 C}$$

同时,电感与电容上的电压的初相位相反,电阻上的电压等于输入电压 U_i,即存在

$$I = \frac{U_{R1}}{R_1}$$

$$R = \frac{U_i}{I} - R_1$$

这样可以得到线圈的参数 L 和 R。

2) 相位差法

如图 3.2.18 所示,将线圈串联一个已知电阻 R_1,等效成 RL 串联电路。连接好函数发生器,并使用示波器的第一通道观察函数发生器的输出正弦波,幅度大小不变,有效值为 U_i,频率为 f,同时使用示波器的第二通道观察电阻 R_1 上的电压波形。由电阻 R_1 上的电压波形可知通过线圈的电流,同时也可以测试出两个电压之间的相位差 ϕ。

$$P = U_i \frac{U_{R1}}{R_1} \cos\phi$$

$$R = \frac{P}{\left(\dfrac{U_{R1}}{R_1}\right)^2} - R_1$$

$$Q = U_i \frac{U_{R1}}{R_1} \sin\phi$$

$$L = \frac{Q}{\left(\dfrac{U_{R1}}{R_1}\right)^2 2\pi f}$$

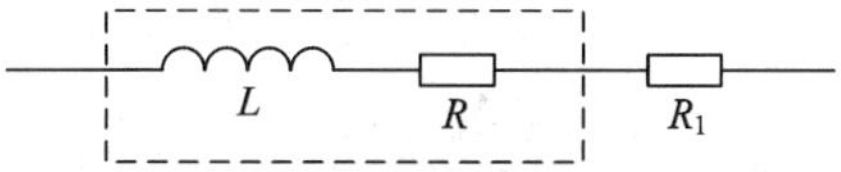

图 3.2.18 相位差法测线圈参数示意图

3) 双频法

如图 3.2.19 所示,将线圈串联一个已知电阻 R_1,等效成 RL 串联电路。连接好函数发生器,并使用示波器的第一通道观察函数发生器的输出正弦波,有效值为 U_i,频率为 f_1,同时使用示波器的第二通道测量观察电阻 R_1 上的电压有效值。然后继续改变激励信号频率为 f_2,分别测量得两次电压的有效值 U_{R11} 和 U_{R12},则有

$$\frac{U_i}{\sqrt{(\omega_1 L)^2 + (R_1 + R)^2}} = \frac{U_{R11}}{R_1}$$

$$\frac{U_i}{\sqrt{(\omega_2 L)^2 + (R_1 + R)^2}} = \frac{U_{R12}}{R_1}$$

这样可以求出 L 和 R。

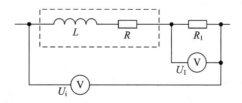

图 3.2.19 双频率法测线圈参数示意图

4) 三电压法

如图 3.2.18 所示,使用万用表电压挡分别测量输入电压 U_i、电阻上的电压 U_{R1} 和线圈上的电压 U_{LR},这样可以利用余弦定律得到角度,然后根据相量图去计算线圈的参数。请同学们自己分析其测试原理。

记住平时使用的数字万用表只能测量 $1\,\mathrm{kHz}$ 以内的正弦波的电压有效值。

同学们也可以思考其他方法，比如测时间常数等。

4. 实验内容和步骤

请使用两种方法进行继电器线圈参数的测量。方法 1：三电压法；方法 2：任选。(注：每种方法依次选择三个电阻，测量三组数据。)

实验原理和实验步骤，根据自己的原理方法去确定，这里不具体描述。

图 3.2.20(b)为实验使用的电路板。上部为继电器，是被测对象。左下侧为 R_1、R_2 和 R_3 三个电阻，右下侧为 C_1、C_2 和 C_3 三个电容，它们均为可选器件。参数见原理图(a)中所示。

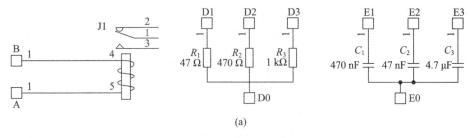

(a)

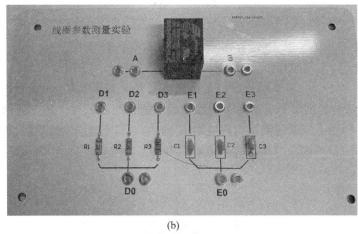

(b)

图 3.2.20　实验电路和实物图

5. 实验注意事项

(1) 使用函数信号发生器输出正弦波，并利用双通道示波器进行信号测量时，要注意两个仪器的公共地要连接在一起。

(2) 测量电压有效值时，注意频率使用范围。

(3) 采用谐振法，选择 470 nF 电容，f 从 100 Hz 起调。

6. 预习思考题

(1) 根据实验电路板给出的元件参数，估算电路的谐振频率。

(2) 回顾一下有哪些知识点可以进行线圈参数测量？需要什么样的仪器设备？

(3) 使用自己的方法进行线圈参数测量，如何进一步提高测量精度？

(4) 对所选测试方法，分析测试原理，并设计相应数据记录表。

7. 实验报告要求

（1）分析三电压法的测试原理，给出实验数据的分析处理方法和计算线圈参数的方法。

（2）对用所选方法得出的实验数据进行分析处理，计算线圈参数。

（3）将由测量方法得到的线圈参数与专门的数字电桥 LRC 测量仪得到的结果进行比较，分析误差产生的原因。

（4）心得体会及其他。

3.2.7　正弦稳态电路（虚拟仿真）

1. 实验目的

（1）加深理解正弦稳态电路中 R、L、C 元件端电压与电流的相位关系；

（2）理解 RLC 串联电路的幅频特性和相频特性；

正弦稳态电路

（3）加深对电路发生谐振的条件及特点的理解，掌握电路的品质因数的物理意义及其测定方法。

2. 实验设备

TINA - TI 仿真软件、计算机。

3. 实验原理

（1）在正弦交流信号作用下，R、L、C 元件伏安特性相量式满足欧姆定律，即

$$\dot{U}_R = R\dot{I}, \ \dot{U}_L = j\omega L\dot{I}, \ \dot{U}_C = -\frac{1}{j\omega C}\dot{I}$$

电压及电流相量关系如图 3.2.21 所示。

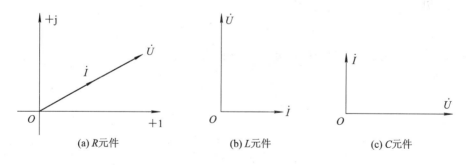

图 3.2.21　R，L，C 元件电压及电流相量关系

（2）在图 3.2.22 所示的 RLC 串联电路中，当正弦信号频率 f 改变时，电路中的感抗和容抗随之改变，电路中的电流也随之而变。取电阻 R 上的电压 $\dot{U}_。$ 作为响应，当输入电压 $\dot{U}_i$ 维持不变时，在不同信号频率的激励下，测出 $\dot{U}_。$ 之值，然后以 f 为横坐标，以 $U_。/U_i$ 为纵坐标，绘出光滑的曲线，此曲线即为幅频特性曲线，也称为谐振曲线，如图 3.2.23 所示。

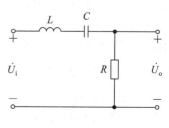

图 3.2.22　RLC 电路

（3）图 3.2.23 所示谐振曲线在 $f = f_0 = \dfrac{1}{2\pi \sqrt{LC}}$ 处，感抗等于容抗，此时电路中的电流最大，是谐振曲线尖峰所在的频率点，该频率称为谐振频率。此时，电阻上的电压等于电源电压，即有

$$U_o = U_R = U_i, \quad U_C = U_L = Q U_i$$

式中 Q 称为电路的品质因数。由品质因数公式

$$Q = \frac{U_C}{U_i} = \frac{U_L}{U_i} = \frac{\omega_0 L}{R}$$

可知 R 越大，Q 越小，幅频曲线越宽，峰值 I_0 越小。

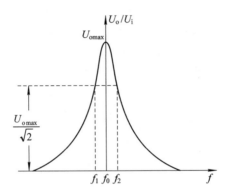

图 3.2.23　电压大小与频率关系

（4）电路的品质因数有两种测量方法：

一种方法是根据公式

$$Q = \frac{U_C}{U_i} = \frac{U_L}{U_i} = \frac{\omega_0 L}{R}$$

测量电感或电容上的电压，以及信号电压，即可求得 Q。

另一种方法，是根据公式

$$\Delta f = f_2 - f_1$$

$$Q = \frac{f_0}{\Delta f}$$

测量谐振曲线的通频带宽度 $\Delta f = f_2 - f_1$ 和谐振频率，即可求得品质因数 Q。

Q 越大，曲线越尖锐，通频带越窄，电路的选择性越好。电路中的品质因数、选择性与通频带只取决于电路本身的参数，与信号源无关。

4. 实验内容和步骤

（1）在 TINA - TI 9 编辑界面中，按图 3.2.24 所示创建 RLC 串联交流测试电路，信号源为正弦交流电，令其输出最大值 $U_{im} = 5$ V，$f = 1$ kHz。用仿真平台中的示波器或瞬时仿真观察 R、L、C 元件电压及电流波形，记录波形，比较相位关系。

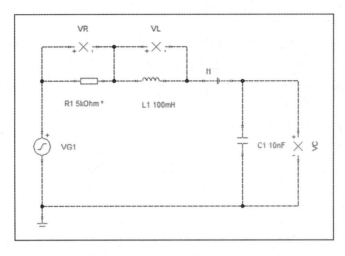

图 3.2.24　*RLC* 串联电路仿真电路图

（2）改变电源频率，用万用表测量响应频率，将数据填入表 3.2.24 中。

表 3.2.24　实验数据记录表一

电源 VG1 频率/kHz	各响应的频率/Hz		
	U_R	U_L	U_C
5			
10			

（3）取频率 $f = 100$ Hz～1 MHz 进行交流传输特性扫频测试，用示波器观察各电压、电流的幅频特性及相频特性曲线波形，并记录波形。

（4）根据步骤（3）的曲线确定谐振频率 f_0，取电源频率 $f = f_0$，测量各元件电压，将数据填入表 3.2.25 中。

表 3.2.25　实验数据记录表二

$R/\text{k}\Omega$	f_0	U_R	U_L	U_C	$Q = \dfrac{U_L}{U_R}$	$\Delta f = \dfrac{f_0}{Q}$
5						

（5）取电阻 $R = 1$ kΩ～10 kΩ 间 3 个点值，观察电流的幅频特性曲线波形，并记录波形。重复步骤（4），将数据填入表 3.2.26 中。

表 3.2.26　实验数据记录表三

$R/\text{k}\Omega$	f_0	U_R	U_L	U_C	$Q = \dfrac{U_L}{U_R}$	$\Delta f = \dfrac{f_0}{Q}$
1						
5.5						
10						

5. 预习思考题

（1）RLC 电路中，可能出现分电压高于总电压、分电流大于总电流的情况吗？

（2）根据实验电路板给出的元件参数，估算电路的谐振频率。

（3）改变电路的哪些参数可以使电路发生谐振？R 的值是否影响谐振频率和品质因数的值？

（4）如何判断电路是否发生谐振？

（5）电路发生串联谐振时，为什么输入电压不能太高？若输入电压 $U_i = 3$ V，试根据实验参数估算电感或电容上的电压值，并选择交流毫伏表的量程。

（6）要提高 RLC 串联电路的品质因数，电路参数应如何改变？

6. 实验报告要求

（1）根据实验内容（1）的波形，分析说明 RLC 串联电路中各电压、电流的相位关系。

（2）根据实验内容（2）的波形，分析说明正弦稳态电路响应与激励的频率关系。

（3）根据实验内容（5）的波形，说明 R 取不同值时对电路通频带、品质因数及选择性的影响。

（4）通过本实验，总结、分析、归纳串联谐振电路的特性。

（5）心得体会及其他。

第4章　电子技术基础实验

4.1　运算放大器的线性应用

运算放大器的线性应用

1. 实验目的

（1）掌握集成运放组成同相比例放大、反相比例放大、求差、求和、积分和微分运算电路的特点及输入、输出电压的函数关系。

（2）了解集成运算放大器 OP07 的使用方法。

（3）了解集成运放在实际应用时应考虑的一些问题。

2. 实验设备

实验所需设备见表 4.1.1。

表 4.1.1　实验设备

名　　称	型号与规格	数量
双路直流稳压电源	SPD3303X-E	1
函数信号发生器	SDG1032X	1
双通道数字示波器	SDS2102X-E	1
数字万用表	SDM3055X-E	1
模拟电路实验箱	THM-3A 型	1

3. 实验原理

集成运算放大器是一种高性能的多级直接耦合放大电路。当其外部接入由不同的线性或非线性元器件组成的输入负反馈电路时，利用它可以灵活地实现各种特定的函数关系。在线性应用方面，利用集成运算放大器可组成比例、加法、减法、积分、微分及对数等模拟运算电路。

1）理想运算放大器特性

在大多数情况下，将运算放大器视为理想运算放大器。理想运算放大器就是将运算放大器的各项技术指标理想化。满足下列条件的运算放大器称为理想运算放大器：

（1）开环电压增益 $A_{ud}=\infty$；

（2）输入阻抗 $R_i=\infty$；

（3）输出阻抗 $R_o=0$；

（4）带宽 $BW=\infty$；

（5）失调与漂移均为零。

2）理想运算放大器在线性应用时的两个重要特性

（1）输出电压 u_o 与输入电压之间满足关系式

$$u_o = A_{ud}(u_+ - u_-)$$

由于 $A_{ud} = \infty$，而 u_o 为有限值，因此，$u_+ - u_- \approx 0$。即 $u_+ \approx u_-$，称为"虚短"。

（2）因 $r_i = \infty$，故流进运算放大器两个输入端的电流可视为零，即输入偏置电流 $I_{IB} = 0$，称为"虚断"。这说明运算放大器对其前级吸取电流极小。

上述两个特性是分析理想运算放大器应用电路的基本原则，可简化运算放大器电路的计算。

3）基本运算电路

（1）同相比例放大运算电路。电路如图 4.1.1 所示。对于理想运算放大器，该电路的输出电压与输入电压之间的关系为

$$U_o = \left(1 + \frac{R_f}{R_1}\right)U_i \tag{4.1.1}$$

为了减小输入级偏置电流引起的运算误差，在同相输入端应接入平衡电阻 $R_2 = R_1 // R_f$。

同相比例运算电路的特点是输入电阻比较大。当 $R_1 = \infty$，$R_2 = 0$ 时，该电路称为电压跟随器，可起到阻抗匹配作用。

（2）反相比例放大运算电路。电路如图 4.1.2 所示，输出电压与输入电压之间的关系为

$$U_o = -\frac{R_f}{R_1}U_i \tag{4.1.2}$$

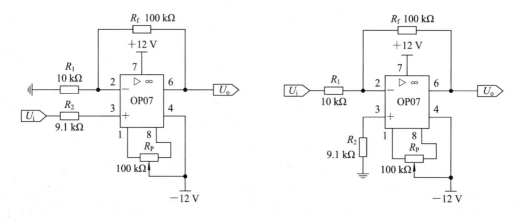

图 4.1.1　同相比例运算电路　　　　　图 4.1.2　反相比例运算电路

在同相输入端应接入平衡电阻 $R_2 = R_1 // R_f$。反相比例运算电路的特点是输出电压与输入电压相位相反，输出电阻小。

（3）求差运算电路。电路如图 4.1.3 所示，当 $R_1 = R_2$，$R_3 = R_f$ 时，输出电压与输入电压之间的关系为

$$U_o = \frac{R_f}{R_1}(U_{i2} - U_{i1}) \tag{4.1.3}$$

（4）反相输入求和运算电路。电路如图 4.1.4 所示，输出电压与输入电压之间的关系为

$$U_{o} = -\frac{R_{f}}{R_{2}}U_{i2} - \frac{R_{f}}{R_{1}}U_{i1} \tag{4.1.4}$$

在同相输入端应接入平衡电阻 R_3，$R_3 = R_1 /\!/ R_2 /\!/ R_f$。

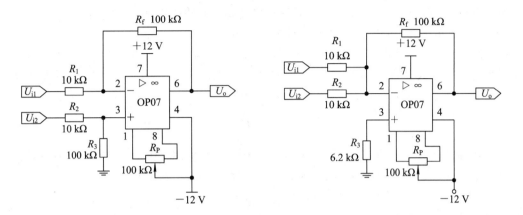

图 4.1.3　求差运算电路　　　　　　图 4.1.4　反相输入求和运算电路

（5）反相积分运算电路。反相积分电路如图 4.1.5 所示。在理想化条件下，输出电压 u_o 为

$$u_{o}(t) = -\frac{1}{R_{1}C}\int_{0}^{t}u_{i}\mathrm{d}t + u_{C}(0) \tag{4.1.5}$$

式中，$u_C(0)$ 是 $t=0$ 时刻电容 C 两端的电压值，即初始值。

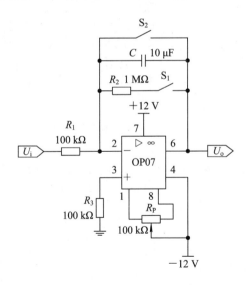

图 4.1.5　反相积分运算电路

如果 $u_i(t)$ 是幅值为 E 的阶跃电压，并设 $u_C(0)=0$，则

$$u_{o}(t) = -\frac{1}{R_{1}C}\int_{0}^{t}E\mathrm{d}t = -\frac{E}{R_{1}C}t \tag{4.1.6}$$

即输出电压 $u_o(t)$ 随时间的增长而线性下降。显然，RC 的数值越大，达到给定的 u_o 值所需的时间就越长。积分输出电压所能达到的最大值受集成运算放大器最大输出范围的限制。

在进行积分运算之前，首先应对运算放大器调零。为了便于调节，将图4.1.5中 S_1 闭合，即通过电阻 R_2 的负反馈作用帮助实现调零。但在完成调零后，应将 S_1 打开，以免因 R_2 的接入造成积分误差。S_2 的设置一方面为积分电容放电提供通路，同时可实现积分电容初始电压 $u_C(0)=0$；另一方面可以控制积分起始点，即在加入信号 u_i 后，只要 S_2 一打开，电容就被恒流充电，电路也就开始进行积分运算。

(6) 反相微分运算电路。将图4.1.5积分电路中的电阻和电容元件对换位置，并选取比较小的时间常数 RC，便得图4.1.6所示的微分电路。设 $t=0$ 时，电容 C 的初始电压 $u_C(0)=0$，当信号电压 u_i 接入后，输出电压等于

$$u_o = -RC\frac{\mathrm{d}u_i}{\mathrm{d}t} \tag{4.1.7}$$

当输入电压 u_i 为阶跃信号时，考虑到信号源总存在内阻，在 $t=0$ 时，输出电压仍为一个有限值。随着电容 C 的充电，输出电压 u_o 将逐渐地衰减，最后趋近于零。

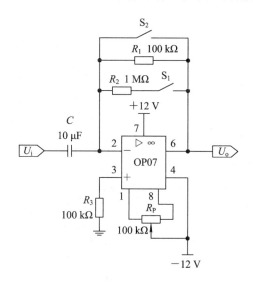

图 4.1.6　反相微分运算电路

4) OP07 芯片资料

OP07是高精度低失调电压的精密运放集成电路，用于微弱信号的放大。如果使用双电源，则它能达到最好的放大效果。其典型性能参数如下：

(1) 低的输入噪声电压幅度——0.35 μV(0.1 Hz～10 Hz)；

(2) 极低的输入失调电压——10 μV；

(3) 极低的输入失调电压温漂——0.2 μV/℃；

(4) 具有长期的稳定性——0.2 μV/月；

(5) 低的输入偏置电流——±1 nA；

(6) 高的共模抑制比——126 dB；

(7) 宽的共模输入电压范围——±14 V；

(8) 宽的电源电压范围——±3 V～±22 V；

(9) 可替代725、108 A、741、AD510等运放。

OP07运放引脚图如图4.1.7所示。紧靠缺口(有时也用小圆点标记)下方的管脚编号

为 1，按逆时针方向，管脚编号依次为 2，3，…，8。其中，管脚 2 为运放反相输入端，管脚 3 为同相输入端，管脚 6 为输出端，管脚 7 为正电源端，管脚 4 为负电源端，管脚 5 为空端，管脚 1 和 8 为调零端。通常，在两个调零端接一个几十千欧的电位器，其滑动端接负电源。

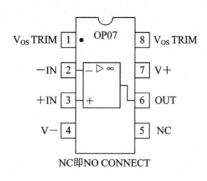

图 4.1.7　OP07 运放引脚图

4. 实验内容

做每个基本运算电路实验前，都应先进行以下三项：

（1）按电路图接好线后，仔细检查，确保正确无误，切忌正、负电源极性接反和输出端短路，否则将会损坏集成块。

（2）消振。将各输入端接地，接通 ±12 V 直流电源，用示波器观察是否出现自激振荡。若有自激振荡，则需更换集成运放电路。

（3）调零。各输入端仍接地，调节调零电位器，使输出电压为零（用数字电压表 200 mV 挡测量，输出电压绝对值不超过 0.5 mV）。

1）同相比例放大运算电路

（1）按图 4.1.1 连接实验电路，进行消振和调零。（为简便也可以省略调零和消振，下同。）

（2）输入 $f=1$ kHz，$u_i=0.5$ V 的正弦交流信号，测量相应的 u_o，并用示波器观察 u_o 和 u_i 的相位关系，记入表 4.1.2 中。

表 4.1.2　同相比例放大实验数据

U_i/V	U_o/V	u_i 波形	u_o 波形	A_u	
				实测值	计算值

2）反相比例放大运算电路

按图 4.1.2 连接实验电路。实验步骤同实验内容 1），将结果记入表 4.1.3 中。

表 4.1.3　反相比例放大实验数据

U_i/V	U_o/V	u_i 波形	u_o 波形	A_u	
				实测值	计算值

3）求差运算电路

（1）按图 4.1.3 连接实验电路，进行消振和调零。

（2）输入信号采用直流信号。实验时要注意选择合适的直流信号幅度以确保集成运算放大器工作在线性区。用示波器测量输入电压 U_{i1}、U_{i2} 及输出电压 U_o，记入表 4.1.4 中。

表 4.1.4　求差、求和实验数据

U_{i1}/V			U_{i1}/V		
U_{i2}/V			U_{i2}/V		
差 U_o/V	实测值	计算值	和 U_o/V	实测值	计算值

4）反相输入求和运算电路

（1）按图 4.1.4 连接实验电路，进行消振和调零。

（2）采用直流输入信号，实验步骤同实验内容 3）。

5）反相积分运算电路

实验电路如图 4.1.8 所示。输入加阶跃信号，用示波器观察输入、输出波形，并记录波形。电容 C 的值可以选择 1 μF，再观察积分输出的变化速度，测出积分时间。将实验数据记入表 4.1.5 中。

反相积分运算电路实验可以用 TINA - TI 仿真软件完成，输入信号可以加方波、阶跃信号。

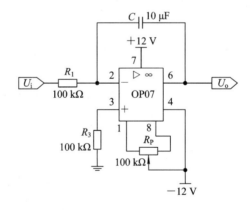

图 4.1.8　反相积分运算电路

表 4.1.5　积分运算实验数据

$C/\mu F$	u_i 波形	u_o 波形	积分时间	
			计算值	测试值
10				
1				

6) 反相微分运算电路

实验电路如图 4.1.9 所示。输入加阶跃信号，用示波器观察输入、输出波形，并记录波形，填入表 4.1.6 中。反相微分运算电路实验可以用 TINA - TI 仿真软件完成。

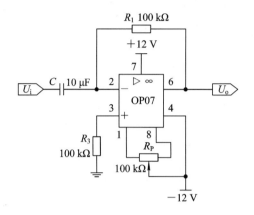

图 4.1.9　反相微分运算电路

表 4.1.6　微分运算实验数据

$C/\mu F$	u_i 波形	u_o 波形
10		
1		

5. 仿真实验要求

（1）在 TINA - TI 软件上分别建立如图 4.1.10 所示的反相比例运算仿真电路、如图 4.1.12 所示的求差仿真电路及如图 4.1.14 所示积分仿真电路。启动仿真开关进行仿真分析，仿真结果分别如图 4.1.11、图 4.1.13 和图 4.1.15 所示。

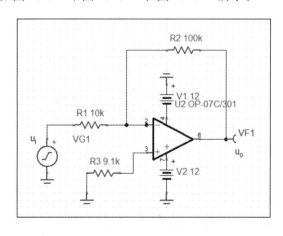

图 4.1.10　反相比例运算仿真电路

Result:

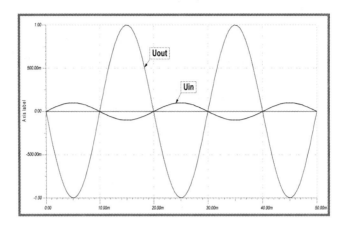

图 4.1.11　反相比例运算电路仿真结果

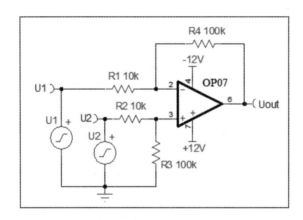

图 4.1.12　求差仿真电路

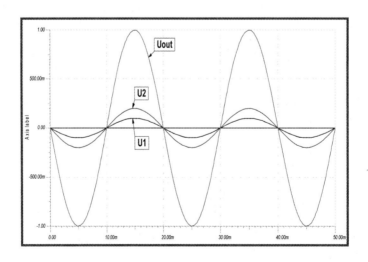

图 4.1.13　求差电路仿真结果

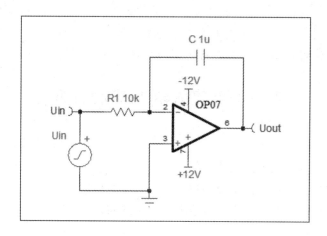

图 4.1.14　积分仿真电路

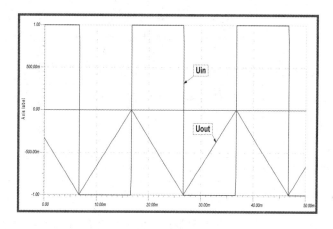

图 4.1.15　积分电路仿真结果

（2）根据本节实验内容的要求在 TINA-TI 软件上完成余下的仿真实验，并分析仿真结果。

6. 实验报告总结要求

（1）整理实验数据，画出波形图（注意波形间的相位关系）。

（2）将理论计算结果和实测数据相比较，分析产生误差的原因。

（3）分析并讨论实验中出现的现象和问题。

（4）将实验结果与仿真结果进行对照，分析产生误差的原因。

7. 预习要求

（1）复习集成运算放大器线性应用部分内容，并根据实验电路参数计算各电路输出电压的理论值。

（2）在反相输入求和运算电路中，如果 u_{i1} 和 u_{i2} 均采用直流信号，并选定 $u_{i2}=-1$ V，当考虑到运算放大器的最大输出幅度时，$|u_{i1}|$ 的大小不应超过多少伏？

（3）在反相积分运算电路中，如果 $R_1=100$ kΩ，$C_1=4.7$ μF，求时间常数。假设 $U_i=0.5$ V，要使输出电压 U_o 达到 5 V，需多长时间（设 $u_C(0)=0$）？

（4）在反相微分运算电路中，若输入信号为正弦波，u_o 与 u_i 的相位差是多少？u_o 是滞后还是领先？u_o 与 u_i 的相位差及幅值比是否随频率变化而改变？

（5）为了不损坏集成块，实验中应注意什么问题？

4.2 运算放大器的非线性应用

1. 实验目的

（1）掌握电压比较器的电路构成及特点。

（2）研究由集成运算放大器组成的信号变换电路的功能。

（3）了解运算放大器在实际应用时应考虑的一些问题。

2. 实验设备

实验所需设备见表 4.2.1。

表 4.2.1　实 验 设 备

名　称	型号与规格	数量
双路直流稳压电源	SPD3303X-E	1
函数信号发生器	SDG1032X	1
双通道数字示波器	SDS2102X-E	1
数字万用表	SDM3055X-E	1
模拟电路实验箱	THM-3A 型	1

3. 实验原理

电压比较器是集成运放非线性应用电路。与集成运放线性应用电路不同，电压比较器电路的集成运放工作在开环或正反馈状态，工作在非线性区，输出为饱和区的高电平。比较器将一个模拟量电压信号和一个参考电压相比较，在二者幅度相等的时候，输出电压将产生跃变，相应输出高电平或低电平。比较器可以组成非正弦波形变换电路，可应用于模拟与数字信号转换等领域。

图 4.2.1(a)所示为最简单的电压比较器，运放为开环状态，U_R 为参考电压，加在运放的同相输入端，输入电压 u_i 加在反相输入端。

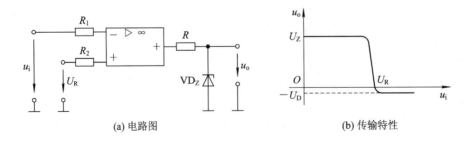

(a) 电路图　　　　　　　　　　(b) 传输特性

图 4.2.1　电压比较器

当 $u_i < U_R$ 时，运放输出高电平，稳压管 VD_Z 反向稳压工作。输出端电位被其钳位在稳

压管的稳定电压 U_Z 处，即 $u_o = U_Z$。当 $u_i > U_R$ 时，运放输出低电平，VD_Z 正向导通，输出电压的大小等于稳压管的正向压降 U_D，即 $u_o = -U_D$。

因此，以 U_R 为界，当输入电压 u_i 变化时，输出端反映出两种状态：高电位和低电位。表示输出电压与输入电压之间关系的特性曲线，称为传输特性。图 4.2.1(b) 为图 (a) 比较器的传输特性。

常用的电压比较器有过零比较器、单门限电压比较器、迟滞 (滞回) 电压比较器等。

1) 过零比较器

图 4.2.2(a) 所示为反相输入加限幅电路的过零比较器。VD_Z 为限幅稳压管，稳压值为 U_Z。信号从运放的反相输入端输入，同相输入端接地，即零参考电压。当 $u_i > 0$ 时，输出 $U_o = -(U_Z + U_D)$；当 $u_i < 0$ 时，$U_o = +(U_Z + U_D)$。其传输特性如图 4.2.2(b) 所示。过零比较器结构简单，灵敏度高，但抗干扰能力差。

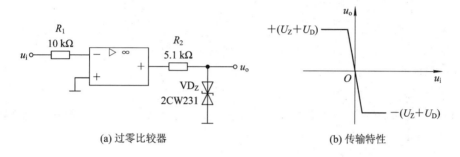

(a) 过零比较器　　　　　　　　　　(b) 传输特性

图 4.2.2　过零比较器

2) 单门限电压比较器

图 4.2.3(a) 所示为同相输入加限幅电路的单门限电压比较器电路。U_{REF} 为门限电压值，VD_Z 内两个稳压管的稳压值为 U_Z。信号从运放的同相输入端输入。参考电压为 U_{REF}，它从反相输入端输入。当 $u_i > U_{REF}$ 时，输出 $u_o = U_{OH} = +(U_Z + U_D)$；当 $u_i < U_{REF}$ 时，$u_o = U_{OL} = -(U_Z + U_D)$。其传输特性如图 4.2.3(b) 所示。

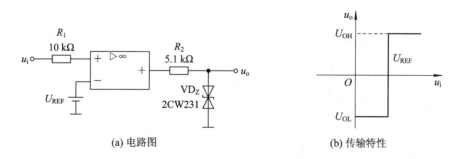

(a) 电路图　　　　　　　　　　(b) 传输特性

图 4.2.3　单门限电压比较器

3) 迟滞电压比较器

图 4.2.4(a) 所示为反相输入的迟滞电压比较器。电路引入了正反馈，运放的输出会影响门限电压值，该电路有两个门限电压。

从输出端引一个电阻分压正反馈支路到同相输入端，若 u_o 改变状态，Σ 点也随着改变电位，使过零点离开原来位置。当 u_o 为正(记作 U_+)时，U_Σ 为上门限电压$\left(U_\Sigma=\dfrac{R_2}{R_f+R_2}U_+\right)$；在 $u_i>U_\Sigma$ 后，u_o 即由正变负(记作 U_-)，此时 U_Σ 变为 $-U_\Sigma$，为下门限电压$\left(-U_\Sigma=\dfrac{R_2}{R_f+R_2}U_-\right)$。因此，只有当 u_i 下降到 $-U_\Sigma$ 以下时，才能使 u_o 再度回升到 U_+，于是出现如图 4.2.4(b)所示的滞回特性。$-U_\Sigma$ 与 U_Σ 的差别称为回差。改变 R_2 的数值可以改变回差的大小。

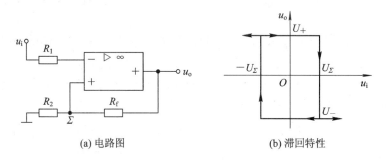

(a) 电路图　　　　　　　　　　(b) 滞回特性

图 4.2.4　迟滞电压比较器

4. 实验内容

1) 过零比较器性能测试

按图 4.2.2(a)所示实验电路接线。注意运放的工作电源为 ±12 V。接通 ±12 V 电源。

(1) 测量 u_i 悬空时的 u_o 值。

(2) u_i 输入 500 Hz、幅值为 2 V 的正弦信号，观察 u_i、u_o 波形并记录。

(3) 改变 u_i 幅值，测量并画出传输特性曲线。

将实验数据填入表 4.2.2 中。

表 4.2.2　过零比较器实验数据

U_i/V	U_o/V	u_i 波形	u_o 波形

2) 单门限电压比较器性能测试

按图 4.2.3(a)所示实验电路接线。注意运放的工作电源为 ±12 V。分 $U_{REF}=1$ V，$U_{REF}=-1$ V 两种情况。接通 ±12 V 电源。

(1) 测量 u_i 悬空时的 u_o 值。

(2) u_i 输入 500 Hz、幅值为 2 V 的正弦信号，观察 u_i、u_o 波形并记录。

(3) 改变 U_{REF} 的值，记录输出波形，测量并画出传输特性曲线。

将实验数据记入表 4.2.3 中。

表 4.2.3　单门限电压比较器实验数据

U_{REF}/V	U_i/V	U_o/V	u_i 波形	u_o 波形
1				
-1				

3）反相迟滞电压比较器性能测试

按图 4.2.5 所示的实验电路接线。

（1）启动直流电源，并将 u_i 接 +5 V 可调直流电源，测出 u_o 由 $+U_{omax} \rightarrow -U_{omax}$ 时 u_i 的临界值。

（2）同上，测出 u_o 由 $-U_{omax} \rightarrow +U_{omax}$ 时 u_i 的临界值。

（3）u_i 接 500 Hz、峰值为 2 V 的正弦信号，观察并记录 u_i、u_o 波形。

（4）将分压支路 R_F 的 100 kΩ 电阻改为 200 kΩ，重复上述实验，测定传输特性。

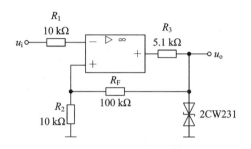

图 4.2.5　反相迟滞电压比较器

4）同相迟滞电压比较器性能测试

实验线路如图 4.2.6 所示。

（1）参照实验内容 3），自拟实验步骤及方法，并将实验数据记入表 4.2.4 中。

（2）将结果与实验内容 3）进行比较。

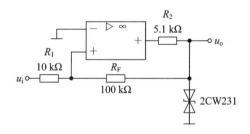

图 4.2.6　同相迟滞电压比较器

表 4.2.4　迟滞比较器实验数据

R_F/kΩ	U_Σ/V	$-U_\Sigma$/V	u_i 波形	u_o 波形
100				
200				

5. 仿真实验要求

在 TINA‑TI 软件中，分别画出上面四种类型的比较器，进行仿真实验，然后总结结果。仿真时直接使用 TINA‑TI 的电压比较器库器件中的芯片，如图 4.2.7 所示。

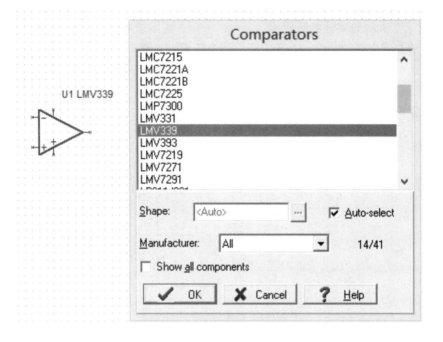

图 4.2.7　电压比较器库器件

6. 实验总结

(1) 整理实验数据,绘制各类比较器的传输特性曲线。

(2) 总结几种比较器的特点,阐明它们的应用。

(3) 分析、比较集成运算放大器和集成电压比较器的异同。

7. 预习要求

(1) 复习教材有关比较器的内容。

(2) 画出各类比较器的传输特性曲线。

4.3　带负反馈的 BJT 放大器

1. 实验目的

(1) 学会放大器静态工作点的调试方法,分析静态工作点对放大器性能的影响。

(2) 掌握放大器电压放大倍数、输入电阻、输出电阻及最大不失真输出电压的测试方法。

带负反馈的 BJT 放大器

(3) 了解放大电路中引入负反馈的方法和负反馈对放大器各项性能指标的影响。

(4) 掌握放大电路开环、闭环特性的测试方法。

2. 实验设备

实验所需设备见表 4.3.1。

表 4.3.1 实 验 设 备

名　称	型号与规格	数量
双路直流稳压电源	SPD3303X-E	1
函数信号发生器	SDG1032X	1
双通道数字示波器	SDS2102X-E	1
数字万用表	SDM3055X-E	1
负反馈放大器实验电路板	自制	1

3. 实验原理

交流负反馈在电子电路中有着非常广泛的应用，虽然它降低了放大器的放大倍数，但能在多方面改善放大器的动态指标，如提高放大倍数的稳定性、减小非线性失真和展宽通频带等。本实验通过对基本 BJT 放大器和引入负反馈的 BJT 放大器的对比分析，了解负反馈对放大电路性能指标的改善。

负反馈放大器有四种组态，即电压串联负反馈、电压并联负反馈、电流串联负反馈和电流并联负反馈。电压负反馈能减小输出电阻，稳定输出电压；电流负反馈能增大输出电阻，稳定输出电流；串联负反馈能增大输入电阻；并联负反馈能减小输入电阻。应用中常根据欲稳定的量以及对输入、输出电阻的要求和信号源负载情况等选择反馈类型。

1）基本放大器

基本放大器电路如图 4.3.1 所示。该电路为由 VT_1、VT_2 组成的基极分压式阻容耦合共射-共射组合放大器，VT_1、VT_2 的放大倍数 $\beta_1 = \beta_2 = 60$。

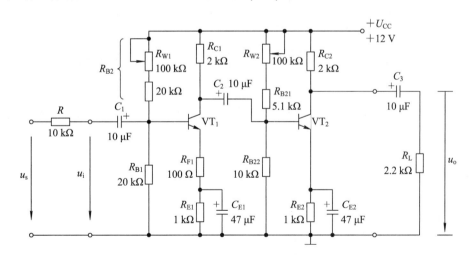

图 4.3.1 两级 BJT 阻容耦合共射放大电路

对于第一级 VT_1，当流过偏置电阻 R_{B1} 和 R_{B2} 的电流远大于晶体管 VT 的基极电流 I_B（一般大 $5 \sim 10$ 倍）时，则它的静态工作点可用下式估算：

$$U_{B1} \approx \frac{R_{B1}}{R_{B1} + R_{B2}} U_{CC} \qquad (4.3.1)$$

$$I_{E1} \approx \frac{U_{B1} - U_{BE}}{R_{E1} + R_{F1}} \approx I_{C1} \tag{4.3.2}$$

$$U_{CE1} \approx U_{CC} - I_{C1}(R_{C1} + R_{F1} + R_{E1}) \tag{4.3.3}$$

第二级 VT2 的静态工作点，可以参考 VT1 级的公式类似得出。动态指标计算，可根据交流通路小信号模型，得到电路的放大倍数为

$$A_u = A_{u1}A_{u2} = \beta_1 \frac{R_{C1} \parallel R_{i2}}{r_{be1} + (1+\beta)R_{F1}} \cdot \beta_2 \frac{R_{C2} \parallel R_L}{r_{be2}} \tag{4.3.4}$$

式中，R_{i2} 为第二级的输入电阻，也是第一级的负载电阻。$R_{i2} = R_{B21} \parallel R_{B22} \parallel r_{be2} \approx r_{be2}$。

输入电阻为

$$R_i = R_{B1} \parallel R_{B2} \parallel [r_{be1} + (1+\beta_1)R_{F1}] \tag{4.3.5}$$

输出电阻为

$$R_o \approx R_{C2} \tag{4.3.6}$$

2) 由两级共发射极放大器组成电压串联负反馈放大器

本实验仅以电压串联负反馈为例，分析负反馈对放大器各项性能指标的影响。带负反馈的 BJT 放大电路如图 4.3.2 所示，是由两级共发射极放大器组成的电压串联负反馈放大器，R_f、C_f 为反馈网络。

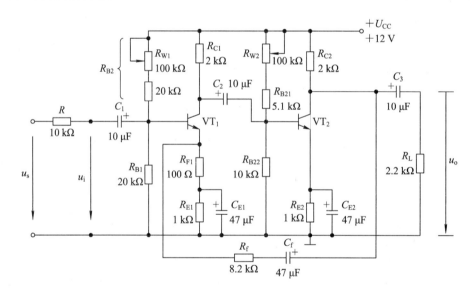

图 4.3.2 带有电压串联负反馈的两级阻容耦合放大器

3) 电压串联负反馈对放大器性能的影响

(1) 降低了电压放大倍数。闭环电压放大倍数可以表示为

$$A_{uf} = \frac{A_u}{1 + A_u F_u} \tag{4.3.7}$$

式中，F_u 是反馈系数，$F_u = \frac{U_f}{U_o} = \frac{R_{F1}}{R_f + R_{F1}}$；$A_u$ 是基本放大器(级间无反馈，即 $U_f = 0$，但要考虑反馈网络阻抗的影响)的电压放大倍数，即开环电压放大倍数；$1 + A_u F_u$ 为反馈深度，它的大小决定了负反馈对放大器性能改善的程度。

(2) 提高输入电阻。反馈电路的输入电阻为

$$R_{if} = (1 + A_u F_u) R_i \qquad (4.3.8)$$

式中，R_i 为基本放大器的输入电阻。

（3）减小输出电阻。反馈电路的输出电阻为

$$R_{of} = \frac{R_o}{1 + A_{uo} F_u} \qquad (4.3.9)$$

式中，R_o 为基本放大器的输出电阻，A_{uo} 为 $R_L = \infty$ 时基本放大器的电压放大倍数。

（4）提高放大倍数的稳定性。

（5）减小非线性失真。

（6）展宽通频带。

4. 实验内容

1）调节并测量各级静态工作点

（1）按图 4.3.1 连接实验电路，取 $U_{CC} = +12$ V，$u_i = 0$ V。

（2）调节 R_{W1} 使得 U_{B1} 为 3 V 左右。

（3）调节 R_{W2} 使得 U_{B2} 为 3 V 左右。

（4）用直流电压表分别测量第一级、第二级的静态工作点，并计算 I_C，记入表 4.3.2 中。

表 4.3.2　测量静态工作点

级	U_B/V	U_E/V	U_C/V	U_{BE}/V	U_{CE}/V	$I_C/mA \left(I_C = \dfrac{U_{CC} - U_C}{R_C} \right)$
第一级						
第二级						

2）测试基本放大器的各项性能指标

按图 4.3.1 连接实验电路，即接成共射-共射两级放大的基本放大器。

（1）测量中频电压放大倍数 A_u、输入电阻 R_i 和输出电阻 R_o。

① 在合适的静态工作点条件下，从信号发生器接入频率 $f = 1$ kHz，$U_{pp} = 10$ mV 的正弦波信号作为输入，加在实验板 U_s 上。接入 2.4 kΩ 的负载，用交流毫伏表分别测量 U_s、U_i 和 U_L（U_L 即为接入负载后的输出电压），记入表 4.3.3 中。

② 保持 U_s 不变，断开负载电阻 R_L（将 2.4 kΩ 负载电阻拔出），测量空载时的输出电压 U_o，记入表 4.3.3 中。

③ 根据公式计算出 A_u、R_i、R_o 的值，记入表 4.3.3 中。

$$A_u = \frac{U_o}{U_i} \qquad (4.3.10)$$

$$R_o = \left(\frac{U_o}{U_L} - 1 \right) R_L \qquad (4.3.11)$$

$$R_i = \frac{U_i}{U_s - U_i} R \qquad (4.3.12)$$

图 4.3.3 所示为输入、输出电阻测量原理电路图，根据测量的 U_s、U_i 可以计算出输入电阻，根据测量的 U_o、U_L 可以计算出输出电阻。按照实验电路板，图中 $R = 10$ kΩ。

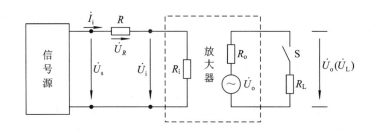

图 4.3.3　输入、输出电阻测量原理电路

表 4.3.3　测试放大器性能指标

基本放大器	U_s/mV	U_i/mV	U_L/V ($R_L=2.4\text{ k}\Omega$)	U_o/V ($R_L=\infty$)	A_u	A_{uo}	$R_i/\text{k}\Omega$	$R_o/\text{k}\Omega$
负反馈放大器	U_s/mV	U_i/mV	U_L/V ($R_L=2.4\text{ k}\Omega$)	U_o/V ($R_L=\infty$)	A_{uf}	A_{uof}	$R_{if}/\text{k}\Omega$	$R_{of}/\text{k}\Omega$

（2）观察静态工作点对输出波形失真的影响。

置 $R_L=2.4\text{ k}\Omega$，$u_i=0$，调节 R_{W1} 使 VT_1、VT_2 的基极电位 $U_B=2.9\text{ V}$，由 $I_C=2.0\text{ mA}$，测出 U_{CE} 值，再逐步加大输入信号，使输出电压 u_o 足够大但不失真。然后保持输入信号不变，分别增大和减小 R_{W2}，使波形出现失真，绘出 u_o 的波形，并测出失真情况下的 I_C 和 U_{CE} 值，记入表 4.3.4 中。每次测 I_C 和 U_{CE} 值时都要将信号源的输出旋钮旋至零。

表 4.3.4　静态工作点对输出波形失真的影响

I_C/mA	U_{CE}/V	u_o 波形	失真情况	晶体管工作状态
2.0 ($U_B=2.9\text{ V}$)	$U_C=$ $U_E=$ $U_{CE}=$		正常放大	工作点适中
$U_{CC}=12\text{ V}$ $R_C=2.4\text{ k}\Omega$ $I_C=$	$U_C=$ $U_E=$ $U_{CE}=$		饱和失真	工作点偏高
$U_{CC}=12\text{ V}$ $R_C=2.4\text{ k}\Omega$ $I_C=$	$U_C=$ $U_E=$ $U_{CE}=$		截止失真	工作点偏低

（3）测量基本放大器通频带。

① 置 $R_L = 2.4$ kΩ，$I_C = 2$ mA。在示波器上测出中频 $(f = 1$ kHz$)$时的输出电压 U_o（或计算电压增益）。

② 保持输入信号 u_i 的幅度不变，增加输入信号频率，此时输出电压会减小。当输出电压下降到中频输出电压的 0.707 时，信号发生器所指示的频率就为放大器的上限频率 f_H，记入表 4.3.5 中。

③ 保持输入信号 u_i 的幅度不变，降低输入信号频率，此时输出电压会减小。当输出电压下降到中频输出电压的 0.707 时，信号发生器所指示的频率就为放大器的下限频率 f_L，记入表 4.3.5 中。

3）测量负反馈放大器的各项性能指标

（1）测量负反馈放大器中频电压放大倍数 A_u、输入电阻 R_i 和输出电阻 R_o。

按图 4.3.2 连接的电路为负反馈放大器，测量步骤同基本放大器，将数据记入表 4.3.3 中。

（2）测量负反馈放大器通频带。

测量步骤同基本放大器，数据记入表 4.3.5 中。

表 4.3.5　测试放大器带宽

基本放大器 $(0.707U_o)$	f_L/kHz	f_H/kHz	Δf/kHz
负反馈放大器 $(0.707U_o)$	f_{Lf}/kHz	f_{Hf}/kHz	Δf_f/kHz

4）观察并记录负反馈对非线性失真的改善

（1）实验电路接成基本放大器形式，在输入端加 $f = 1$ kHz、$U_{pp} = 50$ mV 的正弦信号，用示波器观察输出波形。逐渐增大输入信号的幅度，使输出波形出现临界失真，记下此时的输出波形。

（2）保持输入不变，将实验电路改接成负反馈放大器形式，记下此时的输出波形。

（3）比较有负反馈和无反馈时，输出波形的变化。

5．仿真实验要求

1）基本放大器的电压放大倍数及频率特性的仿真

（1）在 TINA - TI 软件中，画出仿真电路并完成参数设置。

（2）利用 DC Analysis 中的 Calculate nodal voltages 或者 Table of DC results 分析放大器的静态工作点。

（3）设置信号源的参数，利用双通道数字示波器，仿真求解放大器的电压放大倍数。

（4）利用 Signal Analyzer-Virtual 进行频域分析，得到幅频特性及相频特性图，确定放大器的带宽大小。

2）反馈放大器的电压放大倍数及频率特性的仿真

（1）设置信号源的参数，利用双通道数字示波器，仿真求解放大器的电压放大倍数。

（2）利用 Signal Analyzer-Virtual 进行频域分析，得到幅频特性及相频特性图，确定放大器的带宽大小。

（3）将以上两个仿真实验结果对照，说明负反馈对放大器的影响。

（4）在仿真图中，通过串接信号源的内阻，仿真求解放大器的输入电阻。

（5）在仿真电路中，通过负载开路及带载实验对比，求解放大器的输出电阻。

6. 实验总结

（1）整理实验数据，并按要求进行计算。

（2）根据实验结果，总结电压串联负反馈对放大器性能的影响。

7. 预习要求

（1）复习教材中有关负反馈放大器的内容，熟悉电压串联负反馈电路的工作原理及对放大器性能的影响。

（2）估算实验电路基本放大器的 A_u、R_i 和 R_o。

（3）估算实验电路负反馈放大器的 A_{uf}、R_{if} 和 R_{of}。

4.4　两级 MOSFET 放大器

1. 实验目的

（1）理解场效应管和三极管的不同，掌握共源放大电路静态工作点的测量和调试方法，了解共源-共漏组合放大电路的构成。

（2）进一步学会放大器静态工作点的调试方法，分析静态工作点对放大器性能的影响。

两级 MOSFET 放大器

（3）掌握两级放大器电压放大倍数及最大不失真输出电压的测试方法。

2. 实验设备

实验所需设备见表 4.4.1。

表 4.4.1　实验设备

名　称	型号与规格	数量
双路直流稳压电源	SPD3303X-E	1
函数信号发生器	SDG1032X	1
双通道数字示波器	SDS2102X-E	1
数字万用表	SDM3055X-E	1
双 MOS 管放大电路实验板	自制	1

双 MOS 管放大电路实验板如图 4.4.1 所示。

3. 实验原理

实验原理电路图如图 4.4.2 所示，它为两级 MOS 管 VT_1，VT_2 构成的共源-共漏组合放大电路。VT_1 构成共源放大，它的静态工作点 g_1 的电位由 R_{g1}、R_{g2} 决定；VT_2 构成共漏放大，第一级 VT_1 的输出作为第二级 VT_2 的输入。

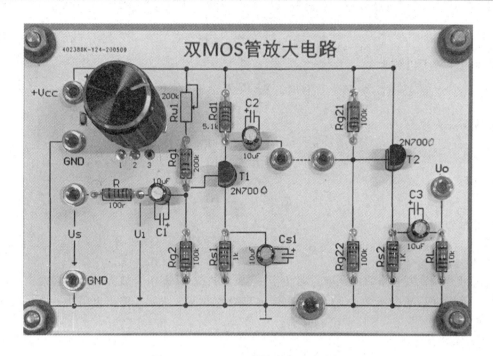

图 4.4.1　双 MOS 管放大电路实验板

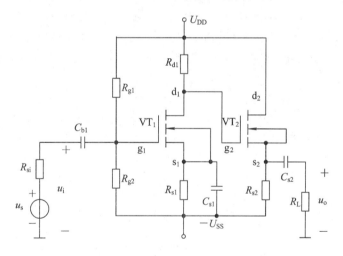

图 4.4.2　共源-共漏组合放大电路原理图

1）放大电路的分析

两级 MOS 组合放大电路总的电压增益等于组成它的各级单管放大电路电压增益的乘积。前一级的输出电压是后一级的输入电压，后一级的输入电阻是前一级的负载电阻。

在图 4.4.2 中，VT_1 的栅源电压为

$$U_{GSQ1} = \frac{R_{g2}}{R_{g1} + R_{g2}} \cdot (U_{DD} + U_{SS}) - I_{DQ1} R_{s1} \tag{4.4.1}$$

VT_2 的栅源电压为

$$U_{GSQ2} = U_{DD} + U_{SS} - I_{DQ1} R_{d1} - I_{DQ2} R_{s2} \tag{4.4.2}$$

VT_1、VT_2 的漏极电流分别为

$$I_{DQ1} = K_{n1}(U_{GSQ1} - U_{TN1})^2 \tag{4.4.3}$$

$$I_{DQ2} = K_{n2}(U_{GSQ2} - U_{TN2})^2 \tag{4.4.4}$$

通频带电压放大倍数为

$$A_u = \frac{u_o}{u_i} = -\frac{g_{m1}g_{m2}R_{d1}(R_{s2} /\!/ R_L)}{1 + g_{m2}(R_{s2} /\!/ R_L)} \tag{4.4.5}$$

源电压增益为

$$A_{us} = \frac{u_o}{u_s} = \frac{u_o}{u_i} \cdot \frac{u_i}{u_s} = -\frac{g_{m1}g_{m2}R_{d1}(R_{s2} /\!/ R_L)}{1 + g_{m2}(R_{s2} /\!/ R_L)} \cdot \left(\frac{R_i}{R_i + R_{si}}\right) \tag{4.4.6}$$

输入电阻为

$$R_i = R_{g1} /\!/ R_{g2} \tag{4.4.7}$$

输出电阻为

$$R_o = R_{s2} /\!/ r_{ds2} /\!/ \frac{1}{g_{m2}} = R_{s2} /\!/ \frac{1}{g_{m2}} \tag{4.4.8}$$

由于共漏放大电路的电压增益略小于1，所以共源-共漏组合放大电路的增益主要决定于第一级(共源)的电压增益。但是，由于输出级为共漏放大，其输出电阻小，具有较好的带负载能力。

2) 放大电路性能指标测试

改变 R_{g1}，调试放大电路有合适的静态工作点，调试方法与三极管 BJT 共射放大电路实验类似。若静态工作点偏高或偏低，当输入信号过大时，会出现饱和失真或截止失真。

电压放大倍数 A_u 的测量：放大电路静态工作点居中，加入输入电压 u_s，在输出电压 u_o 不失真的情况下，用示波器观察波形，并测出 u_i、u_o 的有效值，即 U_i、U_o，放大倍数为

$$A_u = \frac{U_o}{U_i} \tag{4.4.9}$$

输入电阻 R_i 的测量：方法与三极管 BJT 共射放大电路实验类似，用毫伏表或示波器分别测出 U_s、U_i，根据输入电阻的定义可得

$$R_i = \frac{U_i R_{si}}{U_s - U_i} \tag{4.4.10}$$

输出电阻 R_o 的测量：在放大电路正常工作条件下，测出输出端开路输出电压 U_o，再接入负载电阻 R_L，测带负载的输出电压 U_L，可由下式求出

$$R_o = \frac{(U_o - U_L)R_L}{U_L} \tag{4.4.11}$$

最大不失真输出电压 U_{opp} 的测量：静态工作点适中，放大电路正常工作情况，在输入端加正弦波信号 u_s，用示波器观察输出电压 u_o。反复调整输入信号的幅度，逐渐增大 u_s 至 u_o 双向刚刚出现失真，此时的输出电压为 U_{opp}。

放大电路的频率响应(带宽)的测量：放大器的带宽限 $BW = f_H - f_L$，f_H、f_L 指上、下限截止频率，对应通带增益下降 3 dB 处，或对应 $0.707A_u$ 处的频率。测量时，保持输入信号 u_i 的幅度不变，输出波形不得失真，由低频到高频缓慢逐点改变输入信号的频率，测出各频率点的输出，求出 A_u，绘制幅频特性曲线，标出 f_H 和 f_L，求得 BW。另外，可以借助 TINA - TI 仿真软件进行电路的频域分析，得到 Bode 图，确定放大器的带宽。

4. 实验内容

1) 静态工作点的测量

实验板实物图如图 4.4.1 所示,接 12 V 电源到实验板的 +U_{CC}、GND。先测量第一级共源放大电路 VT_1 的工作点,不加输入,即 $u_i = 0$,接通 12 V 工作电源,用数字万用表的直流电压挡测量栅极、源极、漏极的电压 U_{g1}、U_{s1}、U_{d1},使 U_g 在 3.0~3.3 V 范围。若不合适,适当调节电位器 R_{g1}。再测量第二级共漏放大电路的栅极、源极、漏极的电压 U_{g2}、U_{s2}、U_{d2}。VT_2 的静态工作点是固定的。将数据填入表 4.4.2 中。

表 4.4.2　静态工作点测试数据　　　　　　　　　　V

	U_{g1}	U_{s1}	U_{d1}	U_{gs1}	U_{ds1}
第一级					
	U_{g2}	U_{s2}	U_{d2}	U_{gs2}	U_{ds2}
第二级					

2) 单级共源、共漏放大电路的 A_u 的测量

在 VT_1 输入端 u_s 加频率为 1 kHz、幅度为 200 mV 的正弦信号,用示波器观察输入 u_i、输出 u_{o1} 的波形,注意 u_{o1}、u_i 的相位关系,记录输入、输出的峰峰值,填入表 4.4.3 中,求出放大倍数。

在第二级输入端 VT_2 的栅极加一输入 u_i(频率为 1 kHz、幅度为 200 mV 的正弦信号),用示波器观察输入 u_i、输出 u_o 的波形,注意 u_o、u_i 的相位关系,并记录输入、输出的峰峰值,填入表 4.4.3 中,求出放大倍数。

表 4.4.3　放大器电压增益的测量

类别	U_i/mV	U_o/mV	A_u(测量)	A_u(计算)	u_i、u_o 波形
共源					
共漏					
共源-共漏					

3) 共源-共漏组合放大电路的 A_u、输入电阻 R_i 和输出电阻 R_o 的测量

用导线把 VT_1,VT_2 连起来,构成共源-共漏组合放大电路,在输入端 u_s 加频率为 1 kHz、幅度为 200 mV 的正弦信号,用示波器观察输入 u_i、输出 u_o 的波形,注意 u_o、u_i 的相位关系,并记录输入、输出的峰峰值,填入表 4.4.4 中,求出放大倍数。

在输出不失真的情况下,测量 u_s、u_i、带负载时输出的 U_L 以及空载(R_L 开路)时的 U_o,按式(4.4.10)、式(4.4.11)计算输入电阻和输出电阻,将数据填入表 4.4.4 中。

表 4.4.4　测量输入电阻和输出电阻

U_s/mV	U_i/mV	R_i/Ω		U_L/mV	U_o/mV	R_o/Ω	
		测量值	理论值			测量值	理论值

4) 测量最大不失真输出电压 U_{opp}

在输入端 u_s 加频率为 1 kHz、幅度为 200 mV 的正弦信号,用示波器观察输入 u_i、输

出 u_o 的波形。逐渐增大 u_s 的幅值至 u_o 双向刚刚出现失真,记录此时的输出电压 U_{opp}。

5) 观察静态工作点偏高偏低失真情况

调节 R_{w1},使 VT_1 的栅极电压 U_{g1} 为 2.5 V、3.4 V,观察输出 u_o 的变化,记录波形。

6) 测量放大器的通频带

在第 3)步的基础上,保持输入 u_i 的幅度不变,增大输入信号的频率,此时输出 u_o 的幅值会减小,当输出下降至通频输出的 0.707 时,u_i 的频率即为放大器的上限频率 f_H,将数据记入表 4.4.5 中。

保持 u_i 的幅度不变,降低输入信号的频率,此时输出 u_o 的幅值会减小,当输出下降至通频输出的 0.707 时,u_i 的频率即为放大器的下限频率 f_L,将数据记入表 4.4.5 中。

表 4.4.5 测量放大器的带宽 BW

项 目	f_L	f_0	f_H	$BW = f_H - f_L$
f/Hz		1 k		
U_o/mV				
$A_u = U_o/U_i$				

5. 仿真实验内容

(1) 在 TINA - TI 软件环境下,搭建电路如图 4.4.3 所示,MOS 管可选用 IRF150,参数设置开启电压 $U_T = 2$ V。

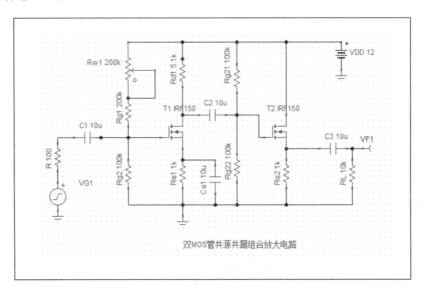

图 4.4.3 仿真电路图

(2) 利用工具栏"分析-直流分析-计算节点电压",测量 T1、T2 的各点静态电位。

(3) 设置信号源的参数,利用瞬时分析或示波器,观察输入、输出的波形,注意输入、输出的相位关系,并求出放大倍数。

(4) 利用工具栏"T&M-信号分析仪",分析放大器的幅频特性,读出上、下限截止频率,求出带宽 BW。

（5）在仿真电路里，测量信号源、输入电压值，可以求电路的输入电阻；通过测量带负载及开路（$R_L = 5 \text{ M}\Omega$）时的输出可以求输出电阻。

（6）利用工具栏"T&M -信号分析仪"对电路进行频域分析，得到 Bode 图，可确定放大电路的通带带宽大小。

6. 实验报告要求

（1）列表整理测量结果，并比较测量值与计算值，分析产生误差的原因；

（2）总结 R_L 对放大器电压放大倍数的影响；

（3）讨论静态工作点变化对放大器输出波形的影响。

4.5　RC 正弦波振荡器

1. 实验目的

（1）理解 RC 正弦波振荡器的组成、工作原理及其振荡条件。

（2）掌握测量、调试振荡器的方法，学会测量振荡电路的频率和输出幅度。

RC 正弦波振荡器

（3）理解 RC 串并联电路的选频特性。

2. 实验设备

实验所需设备见表 4.5.1。

表 4.5.1　实 验 设 备

名　称	型号与规格	数量
双路直流稳压电源	SPD3303X - E	1
函数信号发生器	SDG1032X	1
双通道数字示波器	SDS2102X - E	1
数字万用表	SDM3055X - E	1
模拟电路实验箱	THM - 3A 型	1

3. 实验原理

RC 振荡器的选频网络由 R、C 元件构成，一般用来产生 1 Hz～1 MHz 的低频信号。RC 串并联振荡器原理图如图 4.5.1 所示。RC 串并联电路构成选频网络。

电路的振荡频率：

$$f_0 = \frac{1}{2\pi RC}$$

起振条件：

$$|\dot{A}| > 3$$

电路特点：可方便地连续改变振荡频率，便于加负反馈稳幅，容易得到良好的振荡波形。

本实验电路如图 4.5.2 所示。图中由具有深度负

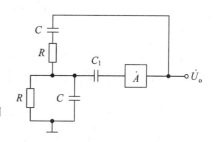

图 4.5.1　RC 振荡器原理图

反馈的两级放大器构成振荡器的放大电路。调节电位器 R_W，可以改变负反馈深度，以满足振荡的振幅条件并改善波形。

4．实验内容

(1) 按图 4.5.2 连接线路。

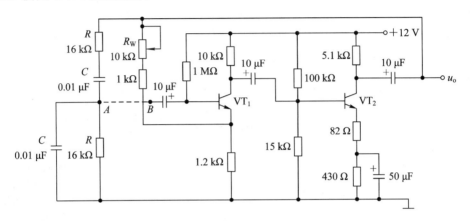

图 4.5.2　RC 振荡器电路图

(2) 断开 RC 串并联网络(即 A 点和 B 点不连接)，将电位器 R_W 顺时针方向旋到底，接入 +12 V 电源和地线，测量放大器静态工作点，将数据填入表 4.5.2 中。

表 4.5.2　放大器静态工作点数据记录 　　　　　　　　　　V

U_{B1}	U_{E1}	U_{C1}	U_{B2}	U_{E2}	U_{C2}

给放大器一个频率为 1 kHz、幅度为 0.5 V 的正弦输入 u_i，即从 B 点接入到信号发生器，用示波器分别测量 U_{im} 和 U_{om} 的值，求出放大器的电压放大倍数，填入表 4.5.3 中。

表 4.5.3　放大器电压放大倍数数据记录

U_{im}/V	U_{om}/V	A_u
0.5		

(3) 接通 RC 串并联网络，并使电路起振，用示波器观测输出电压 u_o 波形，调节 R_W 获得满意的正弦信号，记录波形及其参数，填入表 4.5.4 中(可允许少量失真以维持波形稳定)。

表 4.5.4　起振波形数据记录

U_{opp}/V	输出波形 u_o

(4) 用示波器测量振荡频率，并将其与计算值进行比较，将数据记入表 4.5.5 中。

表 4.5.5　起振波形振荡频率数据记录

	测量值	计算值
f_0		

(5) *RC* 串并联网络幅频特性的观察。将 *RC* 串并联网络与放大器断开，用函数信号发生器的正弦信号注入 *RC* 串并联网络，保持输入信号的幅度不变(峰峰值约为 3 V)，频率由低到高变化，*RC* 串并联网络输出幅值将随之变化。当信号源达某一频率(约 1000 Hz)时，*RC* 串并联网络的输出将达最大值(约 1 V)，且输入、输出同相位，此时信号源频率为

$$f = f_0 = \frac{1}{2\pi RC} \tag{4.5.1}$$

将测试数据记入表 4.5.6 中。

表 4.5.6　*RC* 串并联网络幅频特性观察数据记录

f/Hz	200	400	700	1000(f_0)	1500	2000	2500
$U_{\mathrm{opp}}/\mathrm{V}$							

5. 仿真实验要求

(1) 在 TINA - TI 下画出图 4.5.2 所示的电路图，启动仿真，研究 *RC* 正弦波振荡器起振的条件。

(2) 改变 *RC* 串并联电路的值，给出输出正弦波频率分别为 1 kHz、10 kHz 的波形，其峰峰值为 10 V。

6. 实验总结

(1) 由给定电路参数计算振荡频率，并与实测值比较，分析误差产生的原因。

(2) 总结 *RC* 串并联网络的选频特性。

7. 预习要求

(1) 复习教材有关 *RC* 串并联网络振荡器的结构与工作原理，熟悉幅值平衡条件和影响振荡频率的因素。

(2) 计算实验电路的振荡频率。

(3) 使用 TINA - TI 软件仿真实验，探索起振条件并总结。

4.6　OCL 功率放大器(虚拟仿真)

OCL 功率放大器

1. 实验目的

(1) 掌握软件仿真研究多级负反馈放大模拟电路。

(2) 进一步学习集成运算放大器的应用，掌握功放电路的工作特点。

(3) 学会测试功率放大器的最大输出功率、效率及其他性能指标。

2. 仿真实验软件

德州仪器公司(TI)与 DesignSoft 公司联合的电路仿真工具是 TINA - TI。

3. 实验原理

1) OCL 电路组成及工作原理

OCL 低频功率放大器电路如图 4.6.1 所示，双电源 U_{CC}、$-U_{\mathrm{CC}}$ 供电，无输出电容。其中 VD_1、VD_2 的作用是克服交越失真，晶体三极管 VT_3 组成推动级(也称前置放大级)，

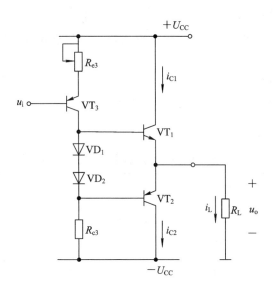

图 4.6.1　OCL 功率放大器

晶体三极管 VT_1、VT_2 组成互补推挽 OCL 功放电路。由于 VT_1、VT_2 接成射极输出器形式，因此具有输出电阻低、负载能力强等优点，适合于作为功率输出级。VT_1 管工作于甲类状态，它的集电极电流 I_{C1} 由电位器 R_{e3} 进行调节。

当号 u_i 输入正弦交流信号时，经 VT_3 放大、倒相后同时作用于 VT_1 和 VT_2 的基极。u_i 的负半周使 VT_1 管导通(VT_2 管截止)，有电流通过负载 R_L；在 u_i 的正半周，VT_2 管导通(VT_1 管截止)，这样在 R_L 上就得到完整的正弦波。

2) OCL 电路的主要性能指标

(1) 最大不失真输出功率

$$P_{omax} = \frac{\left(\dfrac{U_{CC} - U_{CES}}{\sqrt{2}}\right)^2}{R_L} = \frac{(U_{CC} - U_{CES})^2}{2R_L} \tag{4.6.1}$$

理想情况下，有

$$P_{omax} \approx \frac{U_{CC}^2}{2R_L} \tag{4.6.2}$$

在实验中可通过测量 R_L 两端的电压最大值来求得实际的 $P_{om} = \dfrac{1}{2}\dfrac{U_{om}^2}{R_L}$。

(2) 效率 η

$$\eta = \frac{P_o}{P_V} = \frac{\pi}{4} \cdot \frac{U_{om}}{U_{CC}} \tag{4.6.3}$$

式中，P_V 为直流电源供给的平均功率。在实验中，可通过测量电源供给的平均电流 I_{dc}，从而求得 $P_V = U_{CC} \cdot I_{de}$。

理想情况下，$\eta_{max} = \dfrac{\pi}{4} = 78.5\%$。

(3) 输入灵敏度。输入灵敏度是指输出最大不失真功率时的输入信号 u_i 值。

(4) 频率响应。测量输出电压幅频特性，实验中主要测量下限频率 f_L、上限频率 f_H，确定通频带 BW，参见实验 4.3 中的有关内容。

4. 实验内容

OCL 功率放大器仿真电路如图 4.6.2 所示，在 TINA‐TI 软件中按图 4.6.2 构建电路。仿真电路共三级放大：U1 构成前置电压放大电路，并由 R3 引入电压串联负反馈，增强电路的稳定性；T1，T2 构成功放驱动级；T3，T4 构成功放输出级。

1) 静态工作点的测试

输入 u_i 为 VG1，调 VG1 为 1 kHz，100 mV 的正弦波，用 TINA‐TI 的分析工具，测试电路 4 个三极管各点的直流电压和电流。

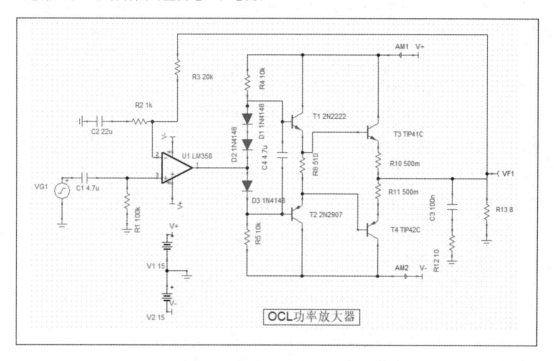

图 4.6.2　OCL 功率放大器仿真电路

测量各级静态工作点，读取 T1～T4 管的静态电压、电流，基极、集电极、发射极的电位及集电极电流，数据记入表 4.6.1 中。

表 4.6.1　静态工作点的测试

静态工作点	T1	T2	T3	T4
I_C/mA				
U_B/V				
U_C/V				
U_E/V				

2) 电压增益测试

用 TINA‐TI 分析工具观察输入、输出波形图，记录波形，并读出输入、输出电压大小，填入表 4.6.2 中，求出电压增益 A_u。

表 4.6.2　电压增益的测试

U_i/mV	U_o/V	A_u	输入、输出波形

3）最大输出功率 P_{om} 和效率 η 的测试

（1）测量最大输出功率 P_{om}

输入端接入 $f=1\ \mathrm{kHz}$，100 mV 正弦信号 u_i，用示波器或瞬时分析观察输出电压 u_o 的波形，逐渐加大 u_i，使输出电压达到最大不失真输出，测出负载 R_L 上的电压 U_{omax}，并按公式计算 P_{om}，记入表 4.6.3 中。

（2）测量效率 η

当输出电压为最大不失真输出时，读出直流毫安表 AM1，AM2 中的电流值，此电流即为直流电源供给的平均电流 I_{dc}，由此可按公式近似求得 P_V 及 η，记入表 4.6.3 中。

表 4.6.3　最大输出功率 P_{om} 和效率 η 的测试

U_{omax}/V	$P_{om}=\dfrac{1}{2}\dfrac{U_{om}^2}{R_L}(\mathrm{W})$	I_{dc}/mA	$P_V=U_{CC}\cdot I_{de}(\mathrm{W})$	$\eta=\dfrac{P_{om}}{P_V}\times100\%$

4）输入灵敏度测试

根据输入灵敏度的定义，只要测出输出功率为最大不失真功率时的输入电压 U_i 即可。

5）频率响应的测试

输入信号为 1 kHz，调节 u_i 幅度，使输出电压约为最大不失真输出的 50%，即 $U_o=0.5U_{om}$。保持 u_i 幅度不变，调节信号源的频率，从 1 Hz～200 kHz 变化，找到 f_L 和 f_H，将数据记入表 4.6.4 中，并描画频率特性曲线。

用 TINA-TI 的分析工具，交流分析-交流传输特性，画出输出的 Bode 图（见图 4.6.3），从图中可以读出 f_L 和 f_H，记入表 4.6.4 中。

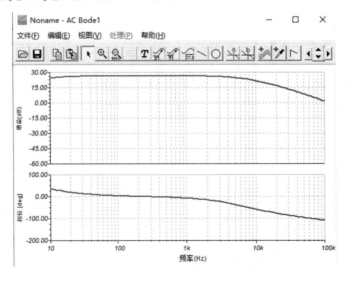

图 4.6.3　Bode 图

表 4.6.4　测量 OCL 带宽 BW

f_L	f_0	f_H	BW $= f_H - f_L$
	1 kHz		

6）总谐波失真的测试

通过信号发生器发送 1 kHz 正弦波，然后调节波形幅度，当输出达到额定功率时停止调节，用失真度测量仪观察总谐波失真的读数，该读数就是额定状态下功放的总谐波失真。

用 TINA‐TI 的分析工具，傅立叶分析‐傅立叶级数‐计算，可以直接求出谐波失真系数，如图 4.6.4 所示。

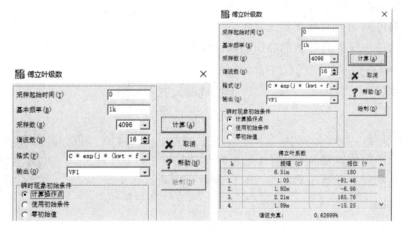

图 4.6.4　失真分析

7）噪声电压的测试

放大器的输入信号为零时，输出负载 R_L 上的电压称为噪声电压 U_N。

测量方法：使输入端对地短路。用示波器观测输出负载 R_L 两端的电压波形，并用交流毫伏表测量其有效值，该值即为噪声电压值 U_N。

用 TINA‐TI 的分析工具，噪声分析，可以得出输出噪声波形，如图 4.6.5 所示。

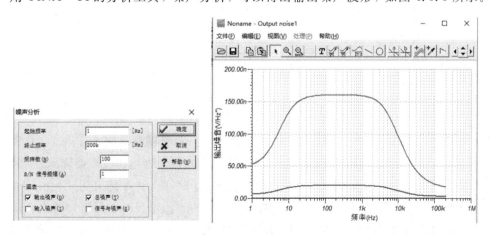

图 4.6.5　噪声分析

5. 实验总结

(1) 整理实验数据,根据实际测量计算最大不失真输出功率 P_{om} 和效率 η,并与理论计算值比较。

(2) 完成各数据表格。

(3) 根据实验数据,画出输出电压的幅频特性曲线。

6. 预习要求

(1) 阅读教材中有关 OCL 功率放大器工作原理的内容。

(2) 在理想情况下,计算实验电路的最大不失真输出功率 P_{om}、管耗、直流电源供给的功率 P_E 和效率 η。

(3) 功率放大和电压放大的基本区别是什么?

(4) 实验电路如何克服交越失真?

(5) 如何进一步提高功放的输出功率、效率和非线性失真?

4.7　直流稳压电源

1. 实验目的

(1) 研究单相桥式整流、电容滤波电路的特性。

(2) 研究集成串联稳压器的特点和性能指标的测试方法。

直流稳压电源

2. 实验设备

实验所需设备见表 4.7.1。

表 4.7.1　实 验 设 备

名　　　称	型号与规格	数量
可调隔离降压工频电源	交流:6～25 V	1
双通道数字示波器	SDS2102X-E	1
数字万用表	SDM3055X-E	1
模拟电路实验箱	THM-3A 型	1

3. 实验原理

电子设备一般都需要直流电源供电。这些直流电除了少数直接利用干电池和直流发电机外,大多数是采用把交流电(市电)转变为直流电的直流稳压电源。

直流稳压电源由电源变压器、整流电路、滤波电路和稳压电路四部分组成,其原理框图如图 4.7.1 所示。电网供给的交流电压 u_1(220 V,50 Hz)经电源变压器降压后,得到符合电路需要的交流电压 u_2,然后由整流电路变换成方向不变、大小随时间变化的脉动电压 u_3,再用滤波器滤去其交流分量,就可得到比较平直的直流电压 u_1。但这样的直流输出电压,还会随交流电网电压的波动或负载的变动而变化。在对直流供电要求较高的场合,还需要使用稳压电路,以保证输出直流电压更加稳定。

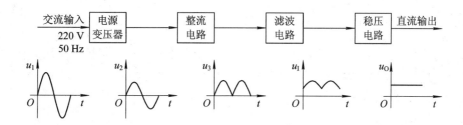

图 4.7.1　直流稳压电源框图

随着半导体工艺的发展，稳压电源也制成了集成器件。由于集成稳压器具有体积小、外接线路简单、使用方便、工作可靠和通用性强等优点，因此在各种电子设备中应用十分普遍，基本上取代了由分立元件构成的稳压电路。集成稳压器的种类很多，应根据设备对直流电源的要求进行选择。对于大多数电子仪器设备和电子电路来说，通常选用串联线性集成稳压器，而在这种类型的器件中，又以三端式稳压器应用最为广泛。

LM78××，LM79××系列三端式集成稳压器的输出电压是固定的，在使用中不能进行调整。LM7800 系列三端式稳压器输出正极性电压，一般有 5 V、6 V、8 V、9 V、10 V、12 V、15 V、18 V 和 24 V 等 9 个挡位，输出电流最大可达 1.5 A(加散热片)。同类型 78M 系列稳压器的输出电流为 0.5A，78L 系列稳压器的输出电流为 0.1 A。若要求负极性输出电压，则可选用 LM7900 系列稳压器。图 4.7.2 所示为 LM78×× 系列的外形及基本接线图。它有三个引出端：输入端(不稳定电压输入端，标以"1")；输出端(稳定电压输出端，标以"3")；公共端(标以"2")。

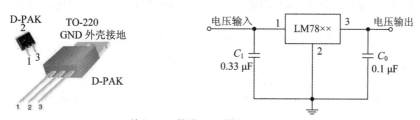

1—输入；2—接地；3—输出

图 4.7.2　LM78×× 系列的外形及基本接线图

本实验所用集成稳压器为三端固定正稳压器 LM7812，它的主要参数如表 4.7.2 所示。

表 4.7.2　LM7812 电气参数表

(参照测试电路，$-40℃ < T_J < 125℃$，$I_O = 500$ mA，$U_I = 19$ V，$C_1 = 0.33$ μF，$C_0 = 0.1$ μF，除非另有说明)

参　数	符号	条　　件		最小值	典型值	最大值	单位
输出电压	U_O	$T_J = +25℃$		11.5	12.0	12.5	V
		5 mA $\leqslant I_O \leqslant$ 1 A，$P_O \leqslant$ 15 W，$U_I = 14.5 \sim 27$ V		11.4	12.0	12.6	
线性调整率	Regline	$T_J = +25℃$	$U_I = 14.5 \sim 30$ V	—	10.0	240	mV
			$U_I = 16 \sim 22$ V	—	3.0	120	
负载调整率	Regload	$T_J = +25℃$	$I_O = 5$ mA ~ 1.5 A	—	11.0	240	mV
			$I_O = 250 \sim 750$ mA	—	5.0	120	

参 数	符号	条 件	最小值	典型值	最大值	单位
静态电流	I_Q	$T_J = +25℃$	—	5.1	8.0	mA
静态电流变化	ΔI_Q	$I_O = 5\ mA \sim 1\ A$	—	0.1	0.5	mA
		$U_I = 14.5 \sim 30\ V$	—	0.5	1.0	
输出电压漂移	$\Delta U_O / \Delta T$	$I_O = 5\ mA$	—	1.0	—	mV/℃
输出噪声电压	U_N	$f = 10\ Hz \sim 100\ kHz,\ T_A = +25℃$	—	76.0	—	μV
纹波抑制	RR	$f = 120\ Hz,\ U_I = 15 \sim 25\ V$	55.0	71.0	—	dB
电压差	U_{DROP}	$I_O = 1\ A,\ T_J = +25℃$	—	2.0	—	V
输出电阻	r_O	$f = 1\ kHz$	—	18.0	—	$m\Omega$
短路电流	I_{SC}	$U_I = 35\ V,\ T_A = +25℃$	—	230	—	mA
峰值电流	I_{PK}	$T_J = +25℃$	—	2.2	—	A

用三端式稳压器 LM7812 构成的单电源电压输出串联型稳压电源的实验电路图,见图 4.7.3。其中整流部分采用了由 4 个二极管组成的桥式整流器成品(又称桥堆),桥堆型号为 2W06(或 KBP306)。二极管反向耐压 $U_R = 600\ V$,电流 $I_o = 2\ A$。内部接线和外部管脚引线如图 4.7.4 所示。滤波电容 C_1、C_2 一般选取几百至几千微法。当稳压器距离整流滤波电路比较远时,在输入端必须接入电容器(数值为 $0.22\ \mu F$),以抵消线路的电感效应,防止产生自激振荡。输出端电容($0.1\ \mu F$)用以滤除输出端的高频信号,改善电路的暂态响应。

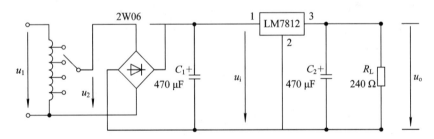

图 4.7.3 由 LM7812 构成的串联型稳压电源实验电路

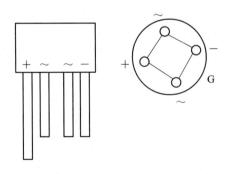

图 4.7.4 桥堆 2W06 管脚图

稳压电源的主要性能指标:

（1）输出电压 U_o 和输出电压调节范围。

（2）最大负载电流 I_{om}。

（3）输出电阻 R_o。定义为当输入电压 U_i（指稳压电路输入电压）保持不变，由于负载变化而引起的输出电压变化量与输出电流变化量之比，即

$$R_o = \frac{\Delta U_o}{\Delta I_o}\bigg|_{U_i = 常数} \tag{4.7.1}$$

（4）稳压系数 S（电压调整率）。稳压系数定义：当负载保持不变，输出电压相对变化量与输入电压相对变化量之比，即

$$S = \frac{\Delta U_o / U_o}{\Delta U_i / U_i}\bigg|_{R_L = 常数} \tag{4.7.2}$$

由于工程上常把电网电压波动±10%作为极限条件，因此也有将此时输出电压的相对变化 $\Delta U_o / U_o$ 作为衡量指标，称为电压调整率。

（5）纹波电压。输出纹波电压是指在额定负载条件下，输出电压中所含交流分量的有效值（或峰值）。

4. 实验内容

1）整流滤波稳压电路测试

按表 4.7.3 的各电路形式连接实验电路，取可调隔离降压工频电源 15 V 电压作为整流电路输入电压 u_2。接通工频电源，测量输出端直流电压 U_L（用万用表的直流挡测量）及纹波电压 $\tilde{U}_L$（用万用表的交流挡测量），用示波器观察 u_L 的波形，把数据及波形记入表 4.7.3 中。（注意：（a）每次改接电路形式时，必须切断工频电源；（b）在示波器上读取波形时，将耦合方式调为直流耦合，且"Y 轴灵敏度"旋钮位置调好后，不要再变动，否则将无法比较各波形的脉动情况。）

表 4.7.3　整流滤波电路测试

电路形式		U_L/V	$\tilde{U}_L$/V	u_L 波形
$R_L = 330\ \Omega$				
$R_L = 330\ \Omega$ $C = 220\ \mu F$				
$R_L = 330\ \Omega$ $C = 220\ \mu F$	同图 4.7.3			

2）集成稳压器性能测试

切断工频电源，按图 4.7.3 连接实验电路，取负载电阻 120 Ω。

（1）初测。接通工频电源 15 V，测量 u_2 的值；测量滤波电路输出电压 U_i（稳压器输入电压），集成稳压器输出电压 U_o，它们的数值应与理论值大致符合，否则说明电路出了故障，须设法查找故障并加以排除。电路经初测进入正常工作状态后，才能进行各项指标的测试。

（2）各项性能指标测试。

① 输出电压 U_o 和最大输出电流 I_{om} 的测量。

在输出端接负载 $R_L = 120$ Ω，由于 LM7812 的输出电压 $U_o = 12$ V，因此流过 R_L 的电流

$$I_{omax} = \frac{12}{120} = 100 \text{ mA}$$

这时 U_o 应基本保持不变，若变化较大，则说明集成块性能不良。

② 稳压系数 S 的测量。取 $I_o = 100$ mA，按表 4.7.4 改变整流电路输入电压 U_2（模拟电网电压波动），分别测出相应的稳压器输入电压 U_i 及输出直流电压 U_o，记入表 4.7.4 中。

表 4.7.4 稳压系数 S 的测量

测 试 值			计算值
U_2/V	U_i/V	U_o/V	S
9			$S_{12} =$
15			$S_{23} =$
18			

③ 输出电阻 R_o 的测量。取 $U_2 = 15$ V，R_L 分别取 ∞、330 Ω 和 120 Ω，使 I_o 为空载、50 mA 和 100 mA，测量相应的 U_o 的值，记入表 4.7.5 中。

表 4.7.5 输出电阻 R_o 的测量

测 试 值			计算值
R_L/Ω	I_o/mA	U_o/V	R_o/Ω
∞	空载		R_{o12}
330	50		
120	100		R_{o23}

④ 输出纹波电压的测量。取 $U_2 = 15$ V，$U_o = 12$ V，$I_o = 100$ mA，测量输出纹波电压 U_o，记录之。

5. 仿真实验要求

在 TINA - TI 软件中画出如图 4.7.5 所示的电路图。依次进行如下内容的仿真实验。

（1）整流滤波电路仿真，负载电阻为 200 Ω。分别得出下列情况下的电压有效值、峰值电压与输入电压之间的关系。

① 无滤波电容；② 有滤波电容。

（2）串联稳压电路仿真。得出下列参数数据：① 稳压输出值；② 稳压系数；③ 输出电

阻；④ 负载调整率。

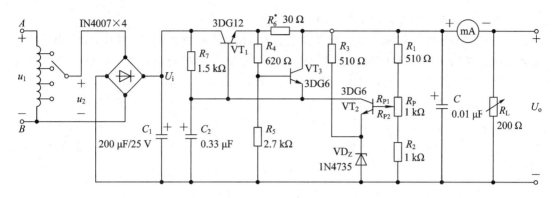

图 4.7.5　串联稳压电路的仿真实验电路图

6. 实验总结

（1）对表 4.7.2 所测结果进行全面分析。总结桥式整流、电容滤波及稳压电路的特点。

（2）整理实验数据，计算稳压系数 S 和输出电阻 R_o，并与手册上的典型值进行比较。

（3）分析讨论实验中发生的现象和问题。

7. 预习要求

（1）复习教材中直流稳压电源有关内容。

（2）了解集成稳压器 LM7812 的主要技术参数。

4.8　三种波形发生器

1. 实验目的

（1）了解集成运算放大器在振荡器电路方面的应用。

（2）掌握由集成运算放大器构成的文氏电桥正弦波振荡器的调整方法、振荡频率和输出幅度的测量方法。

（3）掌握利用集成运放电路产生方波及三角波的方法。

2. 实验设备

实验所需设备见表 4.8.1。

表 4.8.1　实　验　设　备

名　称	型号与规格	数量
双路直流稳压电源	互相隔离的 12 V	1
函数信号发生器	SDG1032X	1
双通道数字示波器	SDS2102X-E	1
数字万用表	SDM3055X-E	1
模拟电路实验箱	THM-3A 型	1

3. 实验原理

1) RC 桥式正弦波振荡器(文氏电桥振荡器)

图 4.8.1 所示为由集成运算放大器构成的 RC 桥式正弦波振荡器。其中，RC 串、并联电路构成正反馈支路，同时兼作选频网络；R_1、R_2、R_P 及二极管等元件构成负反馈和稳幅环节，调节电位器 R_P，可以改变负反馈深度，以满足振荡的幅值条件并改善波形。二极管 VD_1、VD_2 采用硅管(温度稳定性好)，其作用是：当 u_o 幅值很小时，二极管 VD_1、VD_2 开路，等效反馈电阻较大，放大器放大倍数较大，有利于起振；反之，当 u_o 幅值较大时，二极管 VD_1、VD_2 导通，反馈电阻减小，才能保证输出波形正、负半周对称并实现稳幅。R_3 的接入是为了削弱二极管非线性的影响，以改善波形失真。

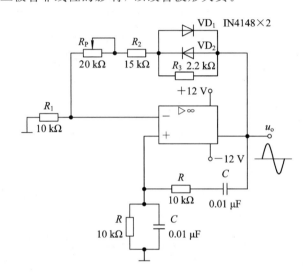

图 4.8.1　RC 桥式正弦波振荡器

电路的振荡频率为

$$f_0 = \frac{1}{2\pi RC} \tag{4.8.1}$$

起振条件为

$$\frac{R_f}{R_1} \geqslant 2$$

式中，$R_f = R_P + R_2 + R_3 /\!/ r_D$，$r_D$ 为二极管正向导通电阻。调整反馈电阻 R_f(调节 R_P)的阻值，使电路起振，且波形失真最小。如不能起振，则说明负反馈太强，应适当加强 R_f 的阻值。如波形失真严重，则应适当减小 R_f 的阻值。

改变选频网络的参数 C 或 R，即可调节振荡频率。一般采用改变电容 C 做频率量程切换，而调节 R 做量程内的频率细调。

2) 方波发生器

由集成运算放大器构成的方波发生器和三角波发生器一般均包括比较器和 RC 积分器两大部分。图 4.8.2 所示为由滞回比较器及简单 RC 积分电路组成的方波及三角波发生器。它的特点是电路简单，但三角波的线性度较差，主要用于产生方波，或者对三角波要求不高的场合。

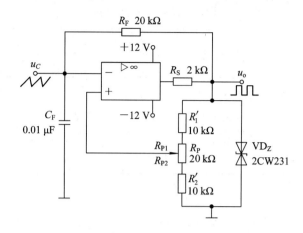

图 4.8.2　方波及三角波发生器

电路振荡频率可以表示为

$$f_0 = \frac{1}{2R_F C_F \ln\left(1 + \dfrac{2R_2}{R_1}\right)} \tag{4.8.2}$$

其中

$$R_1 = R_1' + R_{P1}, \ R_2 = R_2' + R_{P2}$$

方波的输出幅值为

$$U_{om} = \pm U_Z$$

三角波的输出幅度值为

$$U_{om} = \frac{R_2}{R_1 + R_2} U_Z$$

调节电位器 R_P（即改变 R_2/R_1），可以改变振荡频率，但三角波的幅值也随之变化。若要互不影响，则可通过改变 R_F（或 C_F）来实现对振荡频率的调节。

4. 实验内容

1）正弦波振荡电路

（1）按图 4.8.1 连接实验电路。启动 ±12 V 电源，用示波器观察输出，调节电位器 R_P，使输出波形从无到有，从正弦波到出现失真。绘出 u_o 的波形，测得临界起振、正弦波输出及失真情况下 R_P 值，记入表 4.8.2 中，分析负反馈强弱对起振条件及输出波形的影响。

表 4.8.2　正弦振荡电路负反馈强弱对起振条件及输出波形的影响

	临界起振	正弦波输出	失真
$R_P/\text{k}\Omega$			
u_o 波形	u_o, O, t	u_o, O, t	u_o, O, t

（2）调节电位器 R_P，使输出电压幅值最大且不失真，用交流毫伏表分别测量输出电压 U_o、反馈电压 U_+ 和 U_-，记入表 4.8.3 中，分析电路振荡的幅值条件。

表 4.8.3　正弦振荡电路的幅值条件

U_o/V	U_+/V	U_-/V

（3）用示波器测得振荡频率 f_0，然后在选频网络的两个电阻 R 上并联同一阻值的电阻（如并入 10 kΩ），记录此时振荡频率 f_0，将测量结果记入表 4.8.4 中，分析振荡频率的变化情况，并将其与理论值进行比较。

表 4.8.4　正弦波振荡频率分析

选频网络的 R	$R=10$ kΩ	$R=10//10=5$ kΩ
f_0/kHz(理论值)		
f_0/kHz(测量值)		

（4）断开二极管 VD_1、VD_2，重复（2）的内容，将测试结果与（2）进行比较，分析 VD_1、VD_2 的稳幅作用。

2）方波及三角波产生电路

（1）按图 4.8.2 连接实验电路。启动±12 V 电源，用示波器观察输出 u_o、u_C，调节电位器 R_P，使输出波形稳定，绘出 u_o、u_C 的波形。用交流毫伏表分别测量输出电压。将实验结果填入表 4.8.5 中。

表 4.8.5　方波及三角波输出波形

实验结果	u_C	u_o
波形	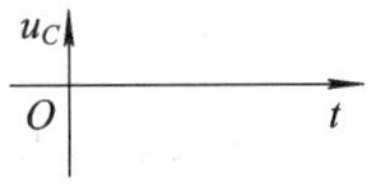	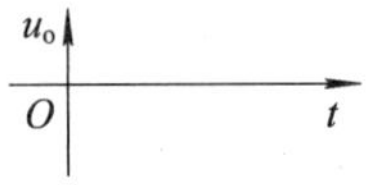
输出电压/V		

（2）用示波器观测振荡频率 f_0（或用频率计测量），记录实测频率值，并将其与理论值进行对比。再更换电容 $C_F=0.1$ μF，重新测量频率，填入表 4.8.6 中。

表 4.8.6　方波振荡频率分析

积分电路的电容	$C_F=0.01$ μF	$C_F=0.1$ μF
f_0/kHz(理论值)		
f_0/kHz(测量值)		

5. 实验仿真要求

在 TINA-TI 平台上创建仿真实验电路，如图 4.8.1 和图 4.8.2 所示。

（1）打开仿真开关，双击示波器，观察文氏正弦波振荡器的起振过程。

（2）根据前面实验内容的要求逐项建立仿真电路，完成其他仿真实验，并与实际操作实验的结果进行比较。

6. 实验总结

（1）分析负反馈强弱对起振条件及输出波形的影响。

（2）根据实验数据，分析正弦波电路振荡的幅值条件。分析二极管的稳幅作用。

（3）分析三角波、方波振荡电路的工作条件。

（4）根据实验数据，分析振荡频率的变化情况，并与理论值进行比较。

7. 预习要求

（1）阅读教材有关运算放大器构成正弦波振荡器的内容，熟悉振荡条件和影响振荡频率的因素，了解二极管的稳幅过程。

（2）计算电路的振荡频率。

4.9　逻辑门的测试

1. 实验目的

（1）掌握 TTL 与非门的工作原理和逻辑功能。

（2）掌握 TTL 与非门的主要参数和静态特性的测试方法，并加深对各参数意义的理解。

2. 实验设备

实验所需设备见表 4.9.1。

表 4.9.1　实　验　设　备

名　称	型号与规格	数量
直流稳压电源	+5 V	1
数字万用表	SDM3055X-E	1
函数信号发生器	SDG1032X	1
双通道数字示波器	SDS2102X-E	1
数字电路实验箱	TH-SZ 型	1

3. 实验原理

与非门是一种应用最为广泛的基本逻辑门电路，用与非门可以组成任何形式的其他类型的逻辑门，集成与非门输入变量的个数一般为 2～7 个。

本实验采用四 2 输入与非门 74LS00，即在一块集成块内含有四个互相独立的与非门，每个与非门有 2 个输入端。其原理图、逻辑符号及引脚排列如图 4.9.1 所示。

1）电压传输特性

电压传输特性是指输出电压 u_O 与输入电压 u_I 的函数关系，典型的电压传输特性曲线如图 4.9.2 所示。由电压传输特性曲线不仅能够判断与非门的好坏，还可读出一些静态参数，如输出高电平 U_{OH} 和输出低电平 U_{OL}，输入低电平的上限值 U_{ILmax} 和输入高电平的下限

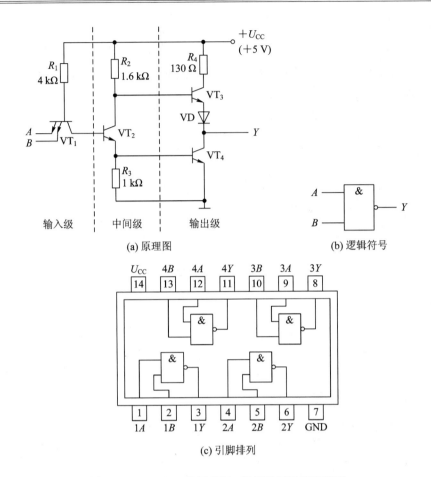

(a) 原理图　　　　　　　　　　(b) 逻辑符号

(c) 引脚排列

图 4.9.1　74LS00 的原理图、逻辑符号及引脚排列

值 U_{IHmin}（当电源电压为 +5 V 时，74LS00 芯片的 $U_{\text{OHmin}} \approx 2.7$ V，$U_{\text{OLmax}} \approx 0.4$ V），以及高电平噪声容限 $U_{\text{NH}} = U_{\text{OHmin}} - U_{\text{IHmin}}$ 和低电平噪声容限 $U_{\text{NL}} = U_{\text{ILmax}} - U_{\text{OLmax}}$。测试电路如图 4.9.3 所示，采用逐点测试法，通过调节电位器 R_{W}，逐点测得 U_{i} 和 U_{o}，进而绘制电压传输特性曲线。

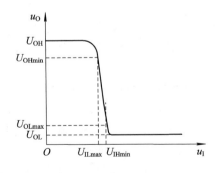

图 4.9.2　电压传输特性曲线

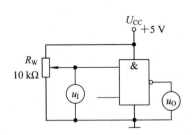

图 4.9.3　电压传输特性测试电路

2) 平均传输延迟时间 t_{pd}

t_{pd} 是衡量门电路开关速度的参数，它是指输出波形边沿的 $0.5U_{\text{m}}$ 至输入波形对应边沿

$0.5U_m$ 点的时间间隔，如图 4.9.4 所示。其中，t_{pHL} 是输出电压从高电平变化到低电平相对于输入电压变化的延迟时间，t_{pLH} 是输出电压从低电平变化到高电平相对于输入电压变化的延迟时间，平均传输延迟时间为

$$t_{pd} = \frac{1}{2}(t_{pHL} + t_{pLH}) \tag{4.9.1}$$

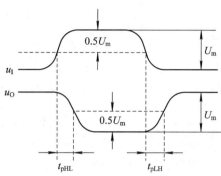

图 4.9.4　与非门的延迟时间

由于 TTL 门电路的 t_{pd} 很小，为了便于测量，可以将几个与非门串联起来测量总的平均延迟时间，t_{pd} 的测试电路如图 4.9.5 所示。输入信号 u_I 是由函数信号发生器输出的方波脉冲，由于脉冲信号经过了 4 次倒相，输出波形与输入波形同相。每个门的平均延迟时间 t_{pd} 则是总平均延迟时间的 $1/4$，即 $t_{pd} = (t_{pHL} + t_{pLH})/8$。

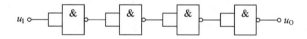

图 4.9.5　TTL 与非门 t_{pd} 的测试电路

TTL 与非门的 t_{pd} 一般为几纳秒至十几纳秒。

3）静态功耗

低电平输出电源电流 I_{CCL}：所有输入端悬空及输出端空载时，电源提供给器件的电流。

高电平输出电源电流 I_{CCH}：输出端空载，每个门各有一个或以上的输入端接地，其余输入端悬空，电源提供给器件的电流。

通常 $I_{CCL} > I_{CCH}$，它们的大小标志着器件静态功耗的大小。

静态功耗 $\bar{P}$：电路空载导通功耗 P_{on} 和空载截止功耗 P_{off} 的平均值，其值为

$$\bar{P} = \frac{P_{on} + P_{off}}{2} = \frac{U_{CC}I_{CCL} + U_{CC}I_{CCH}}{2} \quad (通常 P_{on} > P_{off}) \tag{4.9.2}$$

I_{CCL} 和 I_{CCH} 的测试电路如图 4.9.6 所示。

4）输入负载特性

在一些应用场合下，TTL 与非门的输入端要经过电阻接地，此时会有电流从 TTL 门的输入端经电阻流出，从而会在门电路的输入端产生一等效输入电压 u_I。所接电阻阻值不同，等效输入电压 u_I 便不同，如图 4.9.7 所示。当输入端所接阻电阻 R_i 大于开门电阻 R_{on} 时，等效输入电压大于输入高电平的下限值 U_{IHmin}（U_{IHmin} 为 74LS00 芯片电源电压 $+5$ V，$U_{OLmax} \approx 0.4$ V 时对应的输入值），输入相当于高电平。当电阻 R_i 小于关门电阻 R_{off} 时，等

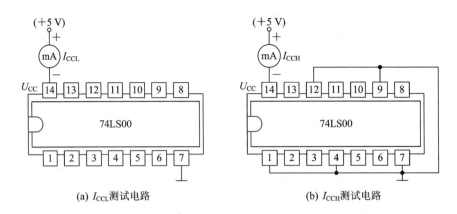

(a) I_{CCL}测试电路   (b) I_{CCH}测试电路

图 4.9.6 I_{CCL} 和 I_{CCH} 测试电路

效输入电压小于输入低电平的上限值 U_{ILmax}(U_{ILmax} 为 74LS00 芯片电源电压+5 V,U_{OHmin}≈ 2.7 V 时对应的输入值),输入相当于低电平。

测量 TTL 与非门电路的输入负载特性的电路如图 4.9.8 所示。调节电位器 R_P,通过测量该电阻上的电压 u_I 和输出电压 u_O,即可绘制输入负载特性曲线,确定开门电阻 R_{on} 和关门电阻 R_{off}。

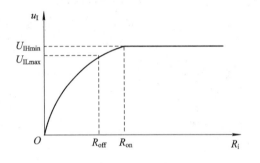

图 4.9.7 输入负载特性曲线

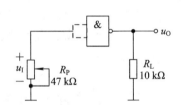

图 4.9.8 输入负载特性测试电路

扇出数 N_O:指门电路能驱动同类门的个数,它是衡量门电路负载能力的一个参数。TTL 与非门有两种不同性质的负载,即拉电流负载和灌电流负载,因此有两种扇出数,如图 4.9.9 所示。

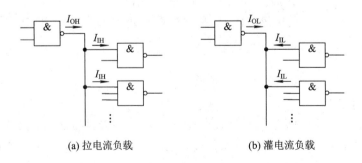

(a) 拉电流负载   (b) 灌电流负载

图 4.9.9 扇出数的计数

高电平扇出数:

$$N_{OH} = \frac{I_{OH}}{I_{IH}}$$

低电平扇出数：

$$N_O = \frac{I_{OL}}{I_{IL}}$$

输入低电平电流 I_{IL}：被测输入端接地，其余输入端悬空，输出端空载时，由被测输入端流出的电流。这样相当于前级门输出低电平时，后级向前级门灌入的电流。因此，I_{IL} 越小，前级门带负载的个数就越多。

输入高电平电流 I_{IH}：被测输入端接高电平，其余输入端接地，输出端空载时，流入被测输入端的电流。这样相当于前级门输出高电平时，后级门从前级拉出的电流。I_{IH} 越小，前级门电路带负载的个数就越多。由于 I_{IH} 较小，难以测量，一般免于测试。

I_{IL} 和 I_{IH} 的测试电路如图 4.9.10 所示。

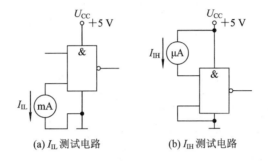

(a) I_{IL} 测试电路　　　　(b) I_{IH} 测试电路

图 4.9.10　I_{IL} 和 I_{IH} 的测试电路

通常 $I_{IH} < I_{IL}$，$N_{OH} > N_{OL}$，故常以 N_{OL} 作为逻辑门的扇出数。

输出低电平最大允许负载电流 I_{OL}：输出为 U_{OLmax} 允许灌入电流的最大值。

I_{OL} 的测试电路如图 4.9.11 所示，门的输入端全部悬空，输出端接灌电流负载 R_L，调节 R_L 使 I_{OL} 增大，U_{OL} 随之增高。当 U_{OL} 达到 $U_{OLmax} \approx 0.4$ V 时，I_{OL} 就是允许灌入的最大负载电流，则 $N_{OL} = I_{OL}/I_{IL}$（通常 $N_{OL} \geqslant 8$）。

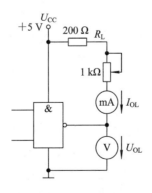

图 4.9.11　I_{OL} 测试电路

74LS00 推荐运行环境和电气特性如表 4.9.2 和表 4.9.3 所示。

表 4.9.2　74LS00 推荐运行环境

符号	参　　数	最小值	额定值	最大值	单位
U_{CC}	电源电压	4.75	5	5.25	V
U_{IH}	输入高电平电压	2			V
U_{IL}	输入低电平电压			0.8	V
I_{OH}	输出高电平电流			-0.4	mA
I_{OL}	输出低电平电流			8	mA
T_A	工作环境温度范围	0		70	℃

表 4.9.3　电　气　特　性

符号	参　　数	条件	最小值	典型值	最大值	单位
U_I	输入钳位电压	U_{CC} 为最小值，$I_I = -18$ mA			-1.5	V
U_{OH}	输出高电平电压	U_{CC} 为最小值，I_{OH} 为最大值 U_{IL} 为最大值	2.7	3.4		V
U_{OL}	输出低电平电压	U_{CC} 为最小值，I_{OL} 为最大值 U_{IH} 为最小值		0.35	0.5	V
		$I_{OL} = 4$ mA，U_{CC} 为最小值		0.25	0.4	
I_I	最大输入电压时输入电流	U_{CC} 为最大值，$U_I = 7$ V			0.1	mA
I_{IH}	输入高电平电流	U_{CC} 为最大值，$U_I = 2.7$ V			20	μA
I_{IL}	输入低电平电流	U_{CC} 为最大值，$U_I = 0.4$ V			-0.36	mA
I_{OS}	输出短路电流	U_{CC} 为最大值	-20		-100	mA
I_{CCH}	输出高电平时电源电流	U_{CC} 为最大值		0.8	1.6	mA
I_{CCL}	输出低电平时电源电流	U_{CC} 为最大值		2.4	4.4	mA

4. 预习要求

(1) 复习关于 TTL 门电路参数的内容，明确各参数的意义。

(2) 掌握与非门 74LS00 的引脚定义与逻辑功能。

5. 实验内容与设计要求

1) 测量 TTL 与非门的电压传输特性

按图 4.9.3 所示接线，调节电位器 R_W，使 U_I 从 0 V 向高电平变化，逐点测量 U_I 和 U_O 的对应值，记入表 4.9.4 中。绘制电压传输特性曲线，读出输入低电平的上限值 U_{ILmax} 和输入高电平的下限值 U_{IHmin}，求出高电平噪声容限 U_{NH} 和低电平噪声容限 U_{NL}。

表 4.9.4　电压传输特性实验数据记录

U_I/V	0	0.6	0.7	0.8	0.9	1.0	1.1	1.2	1.3	1.4	1.5	4.9
U_O/V												

2）测量 TTL 与非门的平均传输延迟时间

连接平均传输延迟时间测试电路，调节函数信号发生器，将输出频率为 1 MHz 的 TTL 方波电压（低电平为 0 V，高电平为 4 V）加到 TTL 与非门的输入端作为 u_1。利用示波器同时观察输入电压 u_1 和输出电压 u_O，测量 TTL 与非门的传输延迟时间 t_{pd}。

3）测量 TTL 与非门的静态功耗

按图 4.9.6 所示接线并进行测试，将测试结果记入表 4.9.5 中，并计算静态功耗 $\bar{P}$。

表 4.9.5 测量静态功耗实验数据记录

I_{CCL}/mA	I_{CCH}/mA	$\bar{P}$/mW

4）测量 TTL 与非门的输入负载特性

按图 4.9.8 所示连接电路并进行测试，测量开门电阻 R_{on} 和关门电阻 R_{off}。

5）测量 TTL 与非门的扇出数

分别按图 4.9.10 和图 4.9.11 所示接线并测试 I_{IL} 和 I_{OL}，计算扇出数 N_O。

6. 注意事项

（1）5 V 电源电压应在直流稳压电源上先调好，断开电源开关后再接入电路。

（2）电源电压 $+U_{CC}$ 只允许在 $+5$ V±0.25 V 范围内，超过该范围可能会损坏器件或使逻辑功能混乱。

（3）TTL 器件的高速切换将产生电流跳变，其幅度为 4～5 mA，该电流在公共走线上的压降会引起噪声干扰，因此要尽量缩短地线减小干扰。可在电源输入端并联一个 100 μF 的电容作为低频滤波，以及 1 个 0.01～0.1 μF 的电容作为高频滤波。

（4）输出端不允许直接接电源或地。除特殊电路外，一般不允许输出端直接并联使用。对于 100 pF 以上的容性负载，应串接几百欧的限流电阻，否则会损坏器件。

（5）对于 TTL 电路，不用的悬空输入端在逻辑上相当于是接高电平，但为了电路工作稳定可靠，减小干扰，最好还是按电路要求接高电平或接低电平。

（6）实验过程中，每当换接电路时，必须首先断开电源，严禁带电操作。

7. 实验报告要求

（1）根据实验内容要求，画出实验电路图，绘制实验数据表格，整理实验数据，按照要求绘制曲线。

（2）记录实验中所遇到的故障和问题以及解决方法。

4.10　编码器和译码器

1. 实验目的

（1）掌握中规模集成 8 线-3 线优先编码器 74LS148 的逻辑功能和使用方法。

（2）掌握中规模集成 3 线-8 线译码器 74LS138 的逻辑功能和使用方法。

编码器和译码器

（3）掌握显示译码器的逻辑功能和使用方法。

（4）理解组合逻辑电路的分析方法与设计方法。

2. 实验设备

实验所需设备见表 4.10.1。

表 4.10.1 实 验 设 备

名 称	型号与规格	数量
直流稳压电源	+5 V	1
逻辑电平开关	TH-SZ 型	1
逻辑电平显示器	TH-SZ 型	1
数字电路实验箱	TH-SZ 型	1

3. 实验原理

编码器和译码器是多路输入、多路输出的组合逻辑电路。编码是将某一待定含义的信息，用一个二进制代码来表示，实现编码操作的逻辑电路称为编码器。译码是编码的逆过程，它是将给定的二进制代码进行"翻译"，变成对应的输出信号，实现译码操作的逻辑电路称为译码器。

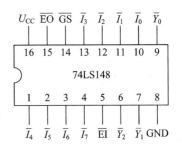

图 4.10.1 74LS148 引脚图

1）中规模集成 8 线-3 线优先编码器 74LS148

74LS148 是 16 引脚芯片，是一种只为优先级最高的输入信号进行编码操作的逻辑电路，其引脚图如图 4.10.1 所示。

功能表如表 4.10.2 所示。

表 4.10.2 74LS148 功能表

输 入									输 出				
$\overline{EI}$	$\overline{I_0}$	$\overline{I_1}$	$\overline{I_2}$	$\overline{I_3}$	$\overline{I_4}$	$\overline{I_5}$	$\overline{I_6}$	$\overline{I_7}$	$\overline{Y_2}$	$\overline{Y_1}$	$\overline{Y_0}$	$\overline{GS}$	$\overline{EO}$
1	×	×	×	×	×	×	×	×	1	1	1	1	1
0	1	1	1	1	1	1	1	1	1	1	1	1	0
0	×	×	×	×	×	×	×	0	0	0	0	0	1
0	×	×	×	×	×	×	0	1	0	0	1	0	1
0	×	×	×	×	×	0	1	1	0	1	0	0	1
0	×	×	×	×	0	1	1	1	0	1	1	0	1
0	×	×	×	0	1	1	1	1	1	0	0	0	1
0	×	×	0	1	1	1	1	1	1	0	1	0	1
0	×	0	1	1	1	1	1	1	1	1	0	0	1
0	0	1	1	1	1	1	1	1	1	1	1	0	1

74LS148 的输入和输出信号均为低电平有效，其中：

$\overline{I_0} \sim \overline{I_7}$：编码输入端，输入低电平表示有编码请求，$\overline{I_7}$ 的优先级最高，$\overline{I_0}$ 最低。

$\overline{Y}_2\overline{Y}_1\overline{Y}_0$：3 位二进制反码输出端。

$\overline{EI}$：片选端。当 $\overline{EI}=1$ 时，编码器工作；当 $\overline{EI}=1$ 时，禁止编码操作，此时不论 $\overline{I}_0\sim\overline{I}_7$ 为何种状态，所有输出端均为高电平。

$\overline{EO}$：使能输出端。只有当 $\overline{EI}=0$，并且所有数据输入端 $\overline{I}_0\sim\overline{I}_7$ 均为高电平时，$\overline{EO}=0$。常用于级联时与另一片相同器件的 $\overline{EI}$ 相连，用于打开比它优先级低的芯片。

$\overline{GS}$：编码状态标志位，$\overline{GS}$ 表示芯片正在进行编码操作。

2）中规模集成 3 线-8 线译码器 74LS138

74LS138 是 16 引脚芯片，是最常用的 3 位二进制译码器，对应每一组输入代码，只有一个输出端为有效低电平，其引脚图如图 4.10.2 所示。

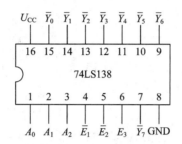

图 4.10.2　74LS138 引脚图

74LS138 功能表如表 4.10.3 所示。

表 4.10.3　**74LS138 功能表**

输　　入						输　　出							
E_3	$\overline{E}_2$	$\overline{E}_1$	A_2	A_1	A_0	$\overline{Y}_0$	$\overline{Y}_1$	$\overline{Y}_2$	$\overline{Y}_3$	$\overline{Y}_4$	$\overline{Y}_5$	$\overline{Y}_6$	$\overline{Y}_7$
0	×	×	×	×	×	1	1	1	1	1	1	1	1
×	1	×	×	×	×	1	1	1	1	1	1	1	1
×	×	1	×	×	×	1	1	1	1	1	1	1	1
1	0	0	0	0	0	0	1	1	1	1	1	1	1
1	0	0	0	0	1	1	0	1	1	1	1	1	1
1	0	0	0	1	0	1	1	0	1	1	1	1	1
1	0	0	0	1	1	1	1	1	0	1	1	1	1
1	0	0	1	0	0	1	1	1	1	0	1	1	1
1	0	0	1	0	1	1	1	1	1	1	0	1	1
1	0	0	1	1	0	1	1	1	1	1	1	0	1
1	0	0	1	1	1	1	1	1	1	1	1	1	0

表中：

$A_2A_1A_0$：三位二进制码(也叫地址码)输入端。

E_3、$\overline{E}_2$ 和 $\overline{E}_1$：复合片选端，仅当它们的输入组合为 100 时，译码器才能工作，否则 8 位译码输出端 $\overline{Y}_0\sim\overline{Y}_7$ 全为无效高电平。

74LS138 芯片的输出逻辑函数表达式为

$$\overline{Y}_i=\overline{E_3\cdot\overline{E}_2\cdot\overline{E}_1\cdot m_i}\quad(i=0\sim7,m_i\text{ 是由 }A_2A_1A_0\text{ 构成的最小项})$$

当 $E_3=1$，$\overline{E}_2=\overline{E}_1=0$ 时，$\overline{Y}_1=\overline{m}_i$，即 74LS138 在正常工作时，每一个输出端都是对应三位二进制码输入端最小项的非。

3）中规模集成显示译码器 74LS47

74LS47 是驱动共阳极 LED 数码管的显示译码器，输出低电平有效，其引脚图如图 4.10.3 所示。

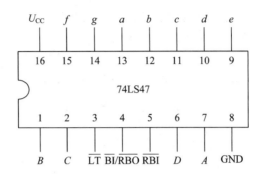

图 4.10.3　74LS47 引脚图

功能表如表 4.10.4 所示。

表 4.10.4　74LS47 功能表

输　　入							输　　出								功　　能
$\overline{BI}$	$\overline{LT}$	$\overline{RBI}$	D	C	B	A	$\overline{RBO}$	a	b	c	d	e	f	g	
0	×	×	×	×	×	×		1	1	1	1	1	1	1	灭灯
1	0	×	×	×	×	×		0	0	0	0	0	0	0	试灯
	1	0	0	0	0	0	0	1	1	1	1	1	1	1	灭零
1	1	1	0000～1111												显示

表中：

$\overline{BI}$：灭灯输入控制端，是双功能端子 $\overline{BI}/\overline{RBO}$ 的输入端，低电平有效。当 $\overline{BI}=0$ 时各笔划段全灭，此时其他控制功能都无法执行，$\overline{BI}$ 的控制具有最高优先级。

$\overline{LT}$：试灯输入控制端，低电平有效。当 $\overline{BI}=1$，$\overline{LT}=0$ 时，各笔划段全亮，显示字型 目。$\overline{LT}$ 主要用于检查数码管的各笔划段是否有损坏，其控制优先级仅次于灭灯输入 $\overline{BI}$。

$\overline{RBI}$：灭零输入控制端，低电平有效。当 $\overline{LT}=1$，$\overline{RBI}=0$，且数据输入 $DCBA=0000$ 时，所有笔划段全部熄灭，同时 $\overline{RBO}=0$。

$\overline{RBO}$：灭零输出控制端，是双功能端子 $\overline{BI}/\overline{RBO}$ 的输出端，低电平有效。常用于级联时连接整数部分低一位或小数部分高一位的 $\overline{RBI}$ 端，熄灭所有不需要显示的零，使读数清晰。

当三个控制端 $\overline{BI}=\overline{LT}=\overline{RBI}=1$，数据输入 $DCBA$ 为 0000～1111 时，输出驱动共阳极数码管显示的字型如表 4.10.5 所示。

表 4.10.5　74LS47 驱动共阳极数码管显示的字型

0000	0001	0010	0011	0100	0101	0110	0111	1000	1001	1010	1011	1100	1101	1110	1111
0	1	2	3	4	5	6	7	8	9	c	ɔ	U	c	t	

共阳极数码管引脚图与结构图如图 4.10.4 所示。

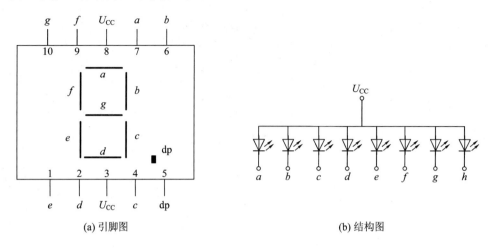

(a) 引脚图　　　　　　　　　　　(b) 结构图

图 4.10.4　共阳极数码管引脚图和结构图

74LS47 与共阳极数码管的连接方法如图 4.10.5 所示。74LS47 与共阳极数码管之间需要串入限流电阻，通常限流电阻的取值范围为 330～1000 Ω。

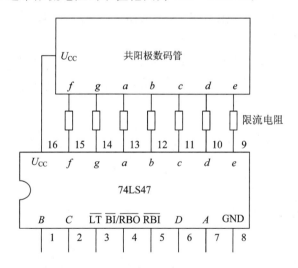

图 4.10.5　74LS47 与共阳极数码管的连接

4）中规模集成显示译码器 74LS48

74LS48 是驱动共阴极 LED 数码管的显示译码器，输出高电平有效。74LS48 和 74LS47 的逻辑功能和引脚编号相同。74LS48 与共阴极数码管之间为了增大驱动电流需要并联扩流电阻。其连接方法如图 4.10.6 所示。

4. 预习要求

（1）复习编码器和译码器的有关内容和理论知识。

（2）阅读实验指导书，理解芯片的工作原理和引脚功能。

（3）要求设计的电路应在实验前完成原理图设计和仿真验证。

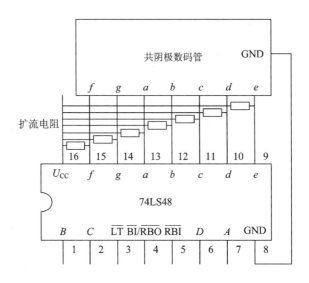

图 4.10.6 74LS48 与共阴极数码管的连接

5. 实验内容

(1) 芯片功能测试。完成 74LS148、74LS138 和 74LS47 等芯片基本逻辑功能的仿真测试。

(2) 用两片 74LS138 组合成一个 4 线-16 线译码器,画出实验电路,并进行仿真验证。

(3) 利用 74LS138、与非门、74LS47 和共阳极数码管(或 74LS48 和共阴极数码管)设计 1 位全加器。

要求 A_i 和 B_i 分别表示两个加数,C_{i-1} 表示低位的进位,S_i 和 C_i 分别表示和位以及向高位的进位,利用数码管显示输出结果。例如,当输入 $A_i=1$,$B_i=1$,$C_{i-1}=1$ 时,数码管应显示为 3。写出设计过程,绘制逻辑电路原理图,先进行仿真验证,再进行实验验证。

(4) 编码-译码显示电路。利用 74LS47、74LS00、74LS148 芯片和数码管组成编码-译码显示电路,电路如图 4.10.7 所示。按照不同组合的编码输入情况,观察编码-译码显示电路的输出结果,对比直接译码显示输出与取反后接译码器显示输出结果有何不同。讨论并说明编码输入与输出的关系及优先级别。

(5) 利用 74LS148、74LS138、与非门、74LS47 和共阳极数码管(或 74LS48 和共阴极数码管),设计两个十进制数 0~3 的乘法电路。

要求用 8 个不同的按键表示两个十进制数 0~3,并将结果用数码管进行显示。例如 3 乘以 3 时,数码管应显示为 9。写出设计过程,绘制逻辑电路原理图,先进行仿真验证,再进行实验验证。

6. 实验报告要求

(1) 根据所选器件,写出详细设计过程,绘制实验电路图,整理实验数据。

(2) 记录在实验中所遇到的故障和问题以及解决方法。

(3) 对实验结果进行分析、讨论

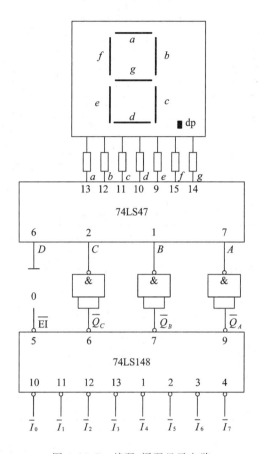

图 4.10.7 编码-译码显示电路

7. 注意事项

(1) 要熟悉芯片的引脚排列,使用时引脚不能接错。特别注意电源和接地引脚不能接反。

(2) 实验过程中,每当换接电路时,必须首先断开电源,严禁带电操作。

8. 思考题

(1) 如何判断七段数码管是共阳极结构还是共阴极结构?

(2) 举例说明译码器有哪些应用?

4.11 变模计数器及其应用

变模计数器及其应用

1. 实验目的

(1) 掌握同步计数器 74LS161 的逻辑功能和使用方法。

(2) 掌握同步计数器 74LS192 的逻辑功能和使用方法。

(3) 利用给定的计数器集成芯片实现任意进制的计数器。

2. 实验设备

实验所需设备见表 4.11.1。

表 4.11.1 实 验 设 备

名称	型号与规格	数量
直流稳压电源	+5 V	1
逻辑开关电平	TH-SZ 型	1
逻辑电平显示器	TH-SZ 型	1
连续脉冲源	TH-SZ 型	1
单次脉冲源	TH-SZ 型	1
双踪示波器	SDS2102X-E	1
译码显示器	TH-SZ 型	1

3. 实验原理

计数器的基本功能是记录输入脉冲的个数，常用于数字系统的控制、运算、分频及产生时序信号等。

计数器的种类繁多，按计数器中触发器是否使用同一个时钟脉冲源分为同步和异步计数器；按计数器的编码方法分为二进制、十进制和其他进制计数器；按计数过程中计数增减分为加法、减法和可逆计数器。

1) 同步计数器 74LS160/161

74LS160 和 74LS161 分别是 TTL 二-十进制和二-十六进制可预置 4 位二进制数的同步加法计数器。它们的引脚图如图 4.11.1 所示，功能表见表 4.11.2。

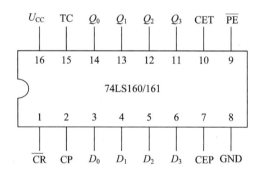

图 4.11.1 74LS160/161 引脚图

表 4.11.2 74LS160/161 功能表

输入									输出				
清零 $\overline{CR}$	预置 $\overline{PE}$	使能		时钟 CP	预置数据输入				Q_3	Q_2	Q_1	Q_0	进位 TC
		CEP	CET		D_3	D_2	D_1	D_0					
L	×	×	×	×	×	×	×	×	L	L	L	L	L
H	L	×	×	↑	D_3^*	D_2^*	D_1^*	D_0^*	D_3	D_2	D_1	D_0	#
H	H	L	×	×	×	×	×	×	保	持			#
H	H	×	L	×	×	×	×	×	保	持			L
H	H	H	H	↑	×	×	×	×	计	数			#

注：D_N^* 表示 CP 脉冲上升沿之前瞬间 D_N 的电平。♯ 表示只有当 CET 为高电平且计数器状态为 HHHH 时输出为高电平，其余均为低电平。

$\overline{CR}$：异步清零端，低电平有效。一旦 $\overline{CR}=0$，输出 $Q_3 \sim Q_0$ 以及 TC 皆为 0。$\overline{CR}=0$ 对计数器状态的控制具有最高优先级。

$\overline{PE}$：同步预置端，低电平有效。当 $\overline{CR}=1$ 且 $\overline{PE}=0$ 时，在 CP 脉冲上升沿，电路将 $D_3 \sim D_0$ 预置入 $Q_3 \sim Q_0$。$\overline{PE}=0$ 具有次高优先级。

CET 和 CEP：计数使能端，高电平有效。在 $\overline{CR}=\overline{PE}=1$ 条件下，当 CET=CEP=1 时，计数器为计数状态，否则为保持状态。

2）双时钟同步十进制加/减计数器 74LS192

74LS192 为双时钟同步十进制加/减计数器，其引脚图如图 4.11.2 所示，其功能见表 4.11.3。

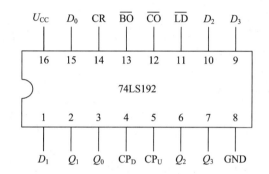

图 4.11.2　74LS192 引脚图

表 4.11.3　74LS192 功能表

输　入								输　出			
CR	$\overline{LD}$	CP_U	CP_D	D_3	D_2	D_1	D_0	Q_3	Q_2	Q_1	Q_0
1	×	×	×	×	×	×	×	0	0	0	0
0	0	×	×	d	c	b	a	d	c	b	a
0	1	↑	1	×	×	×	×	加计数			
0	1	1	↑	×	×	×	×	减计数			
0	1	1	1	×	×	×	×	保持			

CR：异步清零端，高电平有效。当 CR=1 时，计数器清零，清零操作时其他输入信号不起作用，也不受时钟控制，其优先级最高。

$\overline{LD}$：异步置数端，低电平有效。一旦 CR=0 且 $\overline{LD}=0$，计数器直接异步并行置数 $Q_3 Q_2 Q_1 Q_0 = D_3 D_2 D_1 D_0$。

当 CR=0，$\overline{LD}=1$，$CP_D=1$ 时，在 CP_U 时钟上升沿的作用下进行 0～9 的循环加法计数。

$\overline{CO}$：进位输出端，低电平有效。仅当计数器计数到 1001 且 $CP_U=0$ 时，$\overline{CO}$ 才为 0。

当 $\overline{CR}=0$，$\overline{LD}=1$，$CP_U=1$ 时，在 CP_D 时钟上升沿的作用下进行 9～0 的循环减法计数。

$\overline{BO}$：借位输出端，低电平有效。仅当计数器计数到 0000 且 $CP_D=0$ 时，$\overline{BO}$ 才为 0。

3）计数器的级联

为了扩大计数器的计数范围，常将计数器进行级联，片间级联的方式有异步级联和同步级联。用两片 74LS192 级联构成 100 进制计数器，利用进位（或借位）输出作为下一级计数器的时钟信号，此为异步级联方式，电路如图 4.11.3 所示。

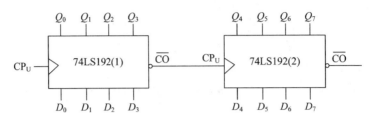

图 4.11.3 74LSLS192 异步级联电路

同步级联时，各片共用一个时钟，前一级的进位（或借位）输出信号作为下一级的工作状态控制信号（计数允许或使能信号），图 4.11.4 所示为同步级联方式。

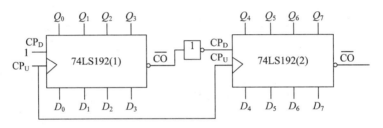

图 4.11.4 74LS192 同步级联电路

4）实现任意进制计数器

（1）反馈清零法。假设已有一个 N 进制计数器，使计数器计数到 M 时反馈清"0"。若为异步清零，即获得 $M(M<N)$ 进制计数器，从 0 计数到 $M-1$。若为同步清零，即获得从 0 计数到 M 的 $M+1$ 进制计数器。

利用 74LS161 的 $\overline{CR}$ 构成异步清零的十进制计数器如图 4.11.5 所示。

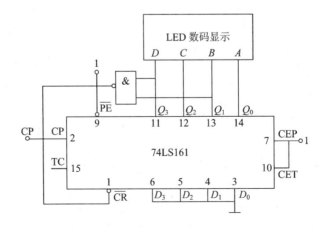

图 4.11.5 74LS161 实现的十进制计数器

（2）反馈置数法。使计数器计数到 M_2 时反馈置数 M_1。若为同步置数，可获得从 M_1 计数到 M_2 的计数器。若为异步置数，则从 M_1 计数到 M_2-1。

利用 74LS161 的 $\overline{LD}$ 同步置数端构成 0010～1001，LED 数码管显示 2～9 的八进制计数器如图 4.11.6 所示。

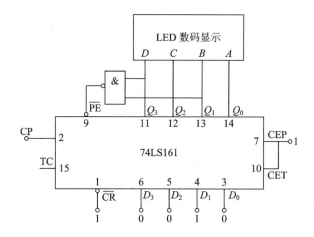

图 4.11.6 74LS161 实现的 2～9 八进制计数器

由 CC40192 构成的六进制和十二进制计数器如图 4.11.7 和图 4.11.8 所示。

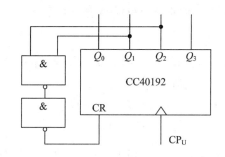

图 4.11.7 六进制计数器

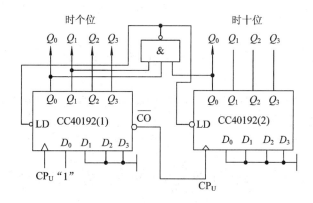

图 4.11.8 十二进制计数器

4. 实验内容

1) 中规模集成计数器基本功能测试

仿真测试 74LS161、74LS192 等芯片的逻辑功能,观察计数器计数过程,利用示波器观察时钟信号、输出信号以及进位或借位信号的波形,记录实验结果。

2) 设计六十进制计数器

(1) 用 74LS161 和适当的逻辑门芯片实现六十进制计数器。

要求:画出用异步级联和同步级联两种不同的方法实现的逻辑电路图,先进行仿真验证,然后选择其中的一个电路进行实验验证。

(2) 用 74LS192 和适当的逻辑门芯片实现从 1～12 进行计数的十二进制计数器。

要求:先进行仿真验证,再进行实验验证。

3) 设计篮球 24 s 倒计时器

利用 74LS192 和适当的逻辑门芯片设计篮球 24 s 倒计时器。

要求:初始状态时数码管显示为 24,拨动开关开始进行减计数,当计数到 00 时计数保持,再次拨动开关回到初始状态。先进行仿真验证,然后进行实验验证。

5. 预习要求

(1) 复习中规模集成计数器的有关内容。

(2) 阅读实验指导书,理解实验原理,了解实验步骤。

(3) 要求设计的电路应在实验前完成电路原理图的设计和仿真验证。

6. 实验报告要求

(1) 根据所选器件,写出详细设计过程,绘制实验电路图,整理实验数据。

(2) 总结 74LS161、74LS192 各引脚的定义和功能。

(3) 记录实验中所遇到的故障和问题以及解决的方法。

7. 注意事项

(1) 熟悉芯片的引脚排列,使用时引脚不能接错,特别要注意电源和接地引脚不允许接反。

(2) 实验过程中,每当换接电路时,必须首先断开电源,严禁带电操作。

8. 思考题

(1) 如何理解集成计数器异步清零、同步清零、异步置数和同步置数功能中"异步"和"同步"概念的区别?

(2) 总结集成计数器实现任意进制计数器的方法,异步级联和同步级联时分别要注意的问题是什么?级联后又该如何实现任意进制的计数器?

4.12　定时器及其应用(虚拟仿真)

1. 实验目的

(1) 熟悉 555 定时器的内部结构和工作原理。

（2）掌握 555 定时器构成的典型应用电路。

（3）掌握 555 定时器应用电路的测量和调试方法。

555 定时器及其应用　　　　Multisim 电路仿真　　　　Multisim 入门指导

2. 仿真实验软件

美国国家仪器（NI）公司开发的 Multisim 或者德州仪器（TI）与 DesignSoft 公司联合开发的电路仿真工具 TINA - TI。

3. 实验原理

555/556（555 为单定时器，556 为双定时器）集成定时器是一种模、数混合的中规模集成电路，一种能够产生时间延迟和多种脉冲信号的控制电路，具有成本低、结构简单、使用灵活、性能可靠、调节方便等优点，应用非常广泛。用它可以构成单稳态触发器、多谐振荡器和施密特触发器等多种电路。

555 定时器的电压范围较宽，TTL 系列为 $+5\sim+16$ V，CMOS 系列为 $+3\sim+18$ V。TTL 系列定时器的驱动能力较强，最大负载电流可达 200 mA，能直接驱动继电器。CMOS 系列定时器的最大负载电流在 4 mA 以下，但它功耗低、输入阻抗高。

555 电路的内部结构及引脚排列如图 4.12.1 所示。各引脚功能简述如下：

$\overline{R_D}$：复位输入端，低电平有效。当 $\overline{R_D}=0$ 时，$u_O=0$。正常工作时，应将其接高电平。

u_{IC}：电压控制端，改其电压值，即可改变比较器 C_1、C_2 的参考电压，使之分别为 u_{IC} 和 $u_{IC}/2$。悬空时，比较器 C_1、C_2 的参考电压分别为 $(2/3)U_{CC}$ 和 $(1/3)U_{CC}$，此时可将它与地线之间接一个 0.01 μF 的电容，以防止干扰电压引入。

u_{I1}/u_{I2}：高/低触发输入端。控制比较器 C_1 和 C_2 的输出，从而控制 RS 触发器，决定输出状态。

u_O'：放电管 VT 的放电端。当 VT 导通时，它为外电路的元器件提供放电通路。

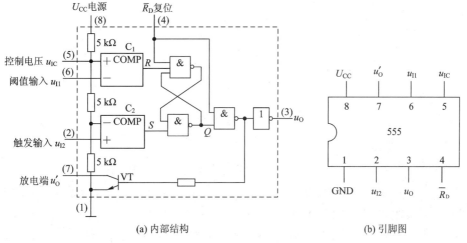

(a) 内部结构　　　　　　　　　　　　(b) 引脚图

图 4.12.1　555 集成定时器的内部结构和引脚图

1) 单稳态触发器

如图 4.12.2(a)所示为由 555 定时器和外接 R，C 构成的单稳态触发器。其结构特点是：6 脚(高触发输入端)和 7 脚(放电端)接在一起，通过上拉电阻接 U_{CC}，通过电容接地，构成 RC 充放电回路；2 脚通过电容接输入，这样即便 u_i 的负脉冲较宽也可保证 2 脚有较窄的负脉宽，从而使 6 脚充电到 $(2/3)U_{CC}$ 时能及时回到零稳态，使输出暂稳态的正脉宽可以小于输入的负脉宽。波形如图 4.12.2(b)所示。

$$t_w = 1.1RC \tag{4.12.1}$$

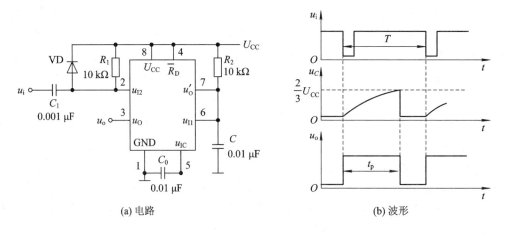

(a) 电路   (b) 波形

图 4.12.2   555 单稳态触发器

2) 施密特触发器

电路如图 4.12.3 所示，只要将 2 脚和 6 脚连在一起作为信号输入端，即得到施密特触发器，常用于波形的整形。

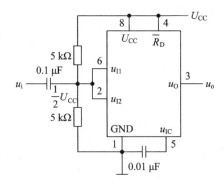

图 4.12.3   施密特触发器

3) 多谐振荡器

电路如图 4.12.4(a)所示，2 脚与 6 脚相连后通过电容接地，电源通过 R_A、R_B 向 C 充电至 $(2/3)U_{CC}$，以及 C 通过 R_B 向放电端 7 脚放电至 $(1/3)U_{CC}$，使电路产生振荡。其波形如图 4.12.4(b)所示。输出信号的时间参数是

$$T = t_{W1} + t_{W2}, \quad t_{W1} = 0.7(R_A + R_B)C, \quad t_{W2} = 0.7R_BC \tag{4.12.2}$$

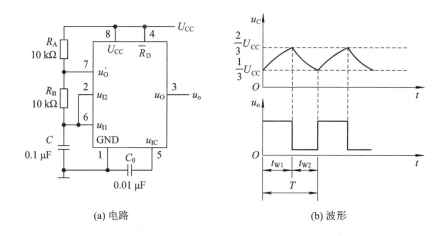

| (a) 电路 | (b) 波形 |

图 4.12.4　多谐振荡器

4）占空比可调的多谐振荡器

电路如图 4.12.5 所示，它比图 4.12.4 所示电路增加了 1 个电位器和 2 个二极管。充电时 VD_1 导通，VD_2 截止；放电时 VD_2 导通，VD_1 截止。占空比为

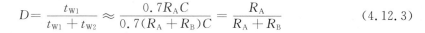

$$D = \frac{t_{W1}}{t_{W1} + t_{W2}} \approx \frac{0.7 R_A C}{0.7(R_A + R_B)C} = \frac{R_A}{R_A + R_B} \qquad (4.12.3)$$

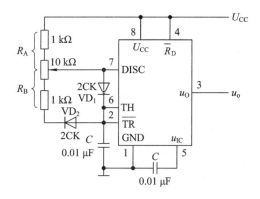

图 4.12.5　占空比可调的多谐振荡器

4. 预习要求

（1）复习 555 集成定时器的基本内容和应用电路。

（2）阅读实验指导书，理解实验原理，了解实验步骤。

5. 仿真实验内容

1）单稳态触发器

（1）单击电子仿真软件 Multisim 基本界面左侧元件工具条"Place Mixed"按钮，从弹出的对话框"Family"栏中选"TIMER"，再在"Component"栏中选"LM555CM"，如图 4.12.6 所示。点击对话框右上角"OK"按钮，将 555 电路调出放置在电子平台上。

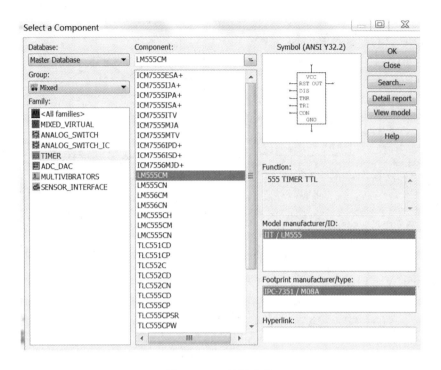

图 4.12.6 放置芯片

(2) 按图 4.12.7 在 Multisim 电子平台上建立仿真实验电路。其中信号源 V1 从基本界面左侧工具条的"Source"电源库中调出,选取对话框"Family"栏的"SIGNAL_VOLTAG...",然后在"Component"栏中选"CLOCK_VOLTAGE",点击对话框右上角"OK"按钮,将其调入电子平台,然后双击 V1 图标,在弹出的对话框中,将"Frequency"栏设为5 kHz,"Duty"栏设为 90%,按对话框下方"确定"退出;XSC1 为虚拟 4 踪示波器。

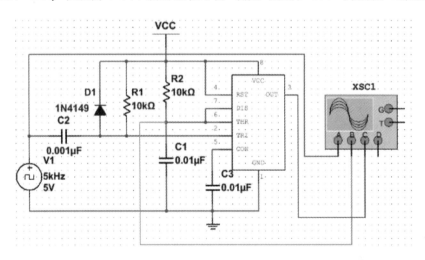

图 4.12.7 建立仿真实验电路

(3) 打开仿真开关,双击虚拟 4 踪示波器图标,从打开的放大面板上可以看到 u_i、u_C 和 u_o 的波形,如图 4.12.8 所示。

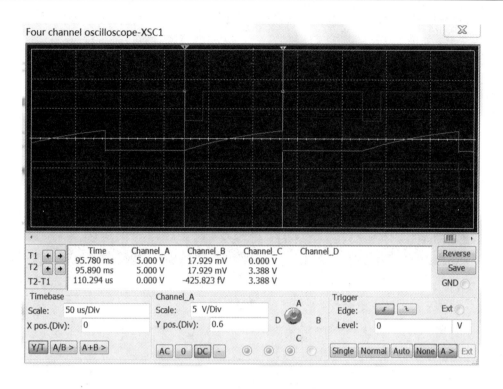

图 4.12.8　波形图

（4）利用屏幕上的读数指针读出单稳态触发器的暂稳态时间 t_{W}，并将其与用公式（4.12.1）计算的理论值进行比较。

2）施密特触发器

（1）从基本界面右侧调出 Function Generator，按图 4.12.9 在 Multisim 电子平台上建立仿真实验电路。u_{I} 是输入频率为 500 Hz，峰峰值为 5V 的正弦波电压。

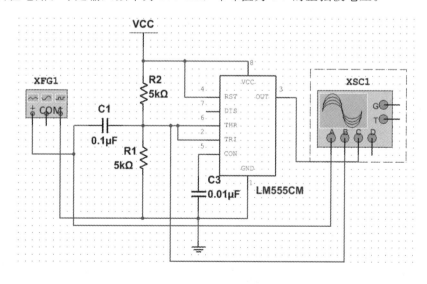

图 4.12.9　建立仿真实验电路

（2）打开仿真开关，双击虚拟 4 踪示波器图标，从打开的放大面板上可以看到 u_i、u_C 和 u_o 的波形，如图 4.12.10 所示。测量 U_{T+} 和 U_{T-}，将其与计算值进行比较。

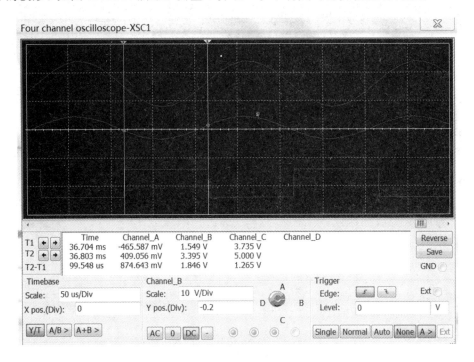

图 4.12.10　波形图

3）多谐振荡器

（1）按图 4.12.11 在电子平台上建立仿真实验电路。

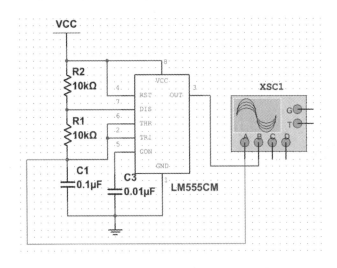

图 4.12.11　建立仿真实验电路

（2）打开仿真开关，双击虚拟 4 踪示波器图标，观察屏幕上的波形，示波器面板设置参阅图4.12.12。利用屏幕上的读数指针对波形进行测量，并将结果填入表 4.12.1 中。

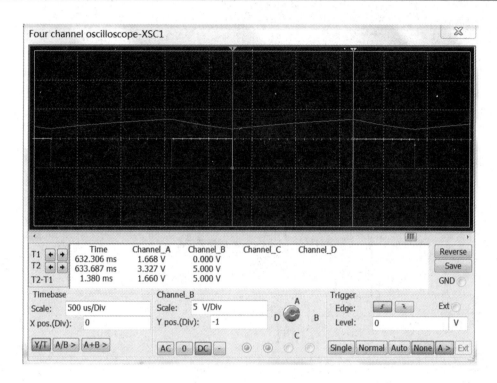

图 4.12.12　波形图

表 4.12.1　测 试 表 1

测试项目	周期 T	高电平宽度 t_{W1}	占空比 Q
理论计算值			
实验测量值			

4）占空比可调的多谐振荡器

（1）在电子仿真软件 Multisim 电子平台上建立如图 4.12.13 所示仿真实验电路。其中电位器从电子仿真软件 Multisim 左侧所列虚拟元件工具条中调出，双击电位器图标，将弹出的对话框的"Increment"栏改为"1"％；将"Resistance"改成"10k"，按对话框下方"确定"按钮退出，如图 4.12.14 所示。

（2）打开仿真开关，双击示波器图标，将在放大面板的屏幕上看到多谐振荡器产生的方波，如图 4.12.15 所示。

（3）调节电位器的百分比，可以观察到多谐振荡器产生的矩形波占空比发生变化，分别测出电位器的百分比为 30％和 70％时的占空比，并将波形和占空比填入表 4.12.2 中。

表 4.12.2　测 试 表 2

电位器位置	波　形	占空比
30％		
70％		

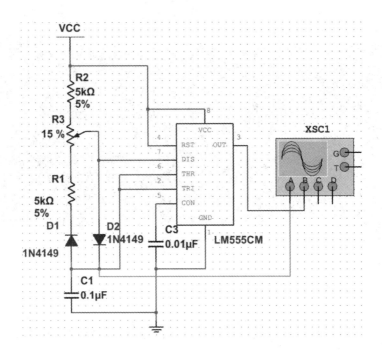

图 4.12.13　建立仿真实验电路

图 4.12.14　放置电位器

仿真操作要求：

(1) 单稳态触发器。

① 按图 4.12.7 接线，u_1 加频率为 1 kHz 的连续脉冲。在有无输入电容两种情况下，用示波器观测 u_1、u_2、u_C(TH 端)和 u_O 的波形，测定幅度及暂稳态时间。

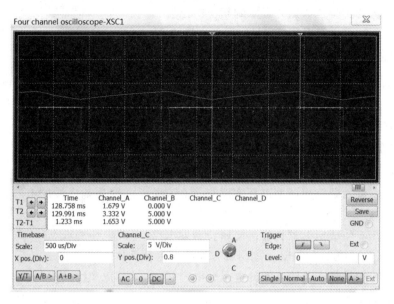

图 4.12.15　波形图

② 将 C1 换成 22 nF，重复测试。

（2）施密特触发器。

按图 4.12.9 接线，u_I 是输入频率为 500 Hz，峰峰值为 5 V 的正弦波电压，观测并绘制 u_I 和 u_O 波形。

（3）多谐振荡器。

按图 4.12.11 接线，用示波器（双通道）观测 u_C 和 u_O 的波形，测定频率。

（4）占空比可调的方波发生器。

按图 4.12.5 接线，分别观测 $R_A=1$ kΩ，$R_B=11$ kΩ 及 $R_A=R_B$ 时的 u_O 波形。

（5）模拟声响发生器。

按图 4.12.16 接线，调节 R_{B1}，试听音响效果。调节 R_{B2}，再试听音响效果。

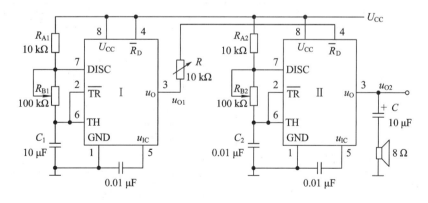

图 4.12.16　模拟声响电路

6. 实验报告要求

（1）整理实验仿真电路及结果，将其截图贴在报告对应的位置。

（2）整理仿真实验各数据并记录到相应的位置。

（3）对实验结果进行分析、总结，写出心得体会。

7. 注意事项

（1）熟悉芯片的引脚排列，使用时引脚不能接错，特别要注意电源和接地引脚不允许接反。

（2）实验过程中，每当换接电路时，必须首先断开电源，严禁带电操作。

8. 思考题

（1）实验中 555 集成定时器引脚 5 所接的电容起什么作用？

（2）单稳态触发器输出脉冲电压宽度与什么有关？实验中输入端的电容、电阻和二极管起到什么作用？

（3）在由 555 集成定时器构成的施密特触发电路（电源电压为 5 V）的输入端加峰峰值 $U_{pp} = 1$ V 的三角波电压，输出 u_o 能得到方波吗？为什么？

（4）施密特触发器实验输入端的电阻和电容起什么作用？电容的大小对输入到 2、6 引脚的波形有什么影响？

（5）多谐振荡器的振荡频率主要由哪些元件决定？

4.13 A/D 和 D/A 的综合应用

1. 实验目的

（1）了解 D/A 和 A/D 转换器的基本工作原理和基本结构。

（2）掌握集成 D/A 和 A/D 转换器的功能及使用方法。

2. 实验设备

实验所需设备见表 4.13.1。

表 4.13.1 实 验 设 备

名　　称	型号与规格	数量
直流稳压电源	+5 V，±15 V	1
双通道数字示波器	SDS2102X-E	1
逻辑电平开关	TH-SZ 型	1
逻辑电平显示器	TH-SZ 型	1
单次脉冲源	TH-SZ 型	1
数字万用表	SDM3055X-E	1

3. 实验原理

在数字电子技术的很多应用场合，需要把模拟量转换成数字量，或把数字量转换成模拟量，完成这一转换功能的集成 A/D 或 D/A 转换器有多种型号，使用者借助于手册提供的器件性能指标及典型应用电路，可正确使用这些器件。本实验采用大规模集成电路 DAC0832 和 ADC0809 分别实现 D/A 和 A/D 转换。

1) D/A 转换器 DAC0832

DAC0832 是采用 CMOS 工艺制成的电流输出型 8 位 D/A 转换器，其逻辑框图及引脚排列如图 4.13.1 所示。

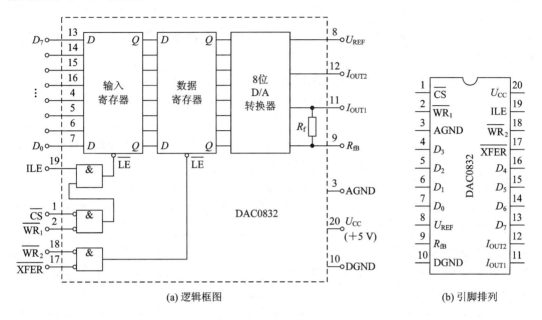

(a) 逻辑框图　　　　　　　　　　　　　　　　(b) 引脚排列

图 4.13.1　D/A 转换器 DAC0832 逻辑框图及引脚排列

DAC0832 接口电平与 TTL 兼容，可直接与微处理器相连。内部采用双缓冲寄存器，这样可在输出的同时，采集下一个数字量，以提高转换速度；核心部分采用倒 T 型电阻网络，如图 4.13.2 所示。运放的输出电压为

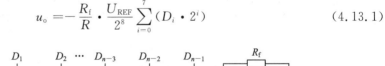

$$u_{\text{o}} = -\frac{R_{\text{f}}}{R} \cdot \frac{U_{\text{REF}}}{2^8} \sum_{i=0}^{7} (D_i \cdot 2^i) \tag{4.13.1}$$

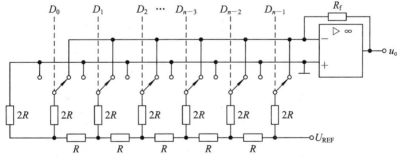

图 4.13.2　倒 T 型电阻网络 D/A 转换电路

DAC0832 各引脚含义：

U_{CC}：电源输入，电压范围为 +5～+15 V。

AGND：模拟地，可以和 DGND 接在一起使用。

DGND：数字地，可以和 AGND 接在一起使用。

D_7～D_0：数字信号输入端，D_7 是最高位，D_0 是最低位。

ILE：输入寄存器允许，高电平有效。

$\overline{CS}$：片选输入端，低电平有效。

$\overline{WR_1}$：写信号 1，低电平有效。当 $\overline{WR_1}=0$，且 $\overline{CS}=0$，ILE=1 时，将输入数据锁存到输入寄存器内。

$\overline{XFER}$：传输控制信号输入端，低电平有效。

$\overline{WR_2}$：写信号 2，低电平有效。当 $\overline{WR_2}=0$，且 $\overline{XFER}=0$ 时，将输入寄存器中的数据传输到数据寄存器。

I_{OUT1}：电流输出 1，在构成电压输出 DAC 时，此引脚应接运算放大器的反相输入端。

I_{OUT2}：电流输出 1，在构成电压输出 DAC 时，此引脚应接运算放大器的同相输入端，同时接模拟地。

R_{fB}：反馈电阻引出端。在构成电压输出 DAC 时，此信号应接运算放大器的输出端。

U_{REF}：基准电压输入端。电压范围为 $-10\sim10$ V。

DAC0832 芯片内部有两级缓冲寄存器，具有三种工作方式可供选择。

（1）直通工作方式：$\overline{CS}$、$\overline{WR_1}$、$\overline{WR_2}$ 及 $\overline{XFER}$ 接低电平，ILE 接高电平。即不用写信号控制，外部输入数据直通内部 8 位 D/A 转换器的数据输入端。

（2）单缓冲工作方式：两个寄存器一个处于直通方式，一个处于受控方式。可将 $\overline{WR_2}$、$\overline{XFER}$ 接低电平，使数据寄存器处于直通状态，输入数据经过 8 位输入寄存器缓冲控制后直接进入 D/A 转换器。

（3）双缓冲工作方式：两个寄存器均处于受控状态，输入数据要经过两个寄存器缓冲控制后才进入 D/A 转换器。这种工作方式可以用来实现多片 D/A 转换器的同步输出。

2）A/D 转换器 ADC0809

ADC0809 是采用 CMOS 工艺制成的 8 位逐次逼近型 A/D 转换器。其内部带有锁存控制的 8 路模拟转换开关，用于选通 8 路模拟输入的任何一路信号。输出采用三态输出缓冲寄存器，电平与 TTL 电平兼容。其逻辑框图及引脚排列如图 4.13.3 所示。

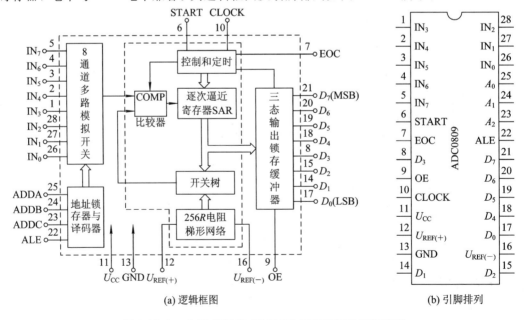

(a) 逻辑框图　　　　　　　　　　　　(b) 引脚排列

图 4.13.3　　A/D 转换器 ADC0809 逻辑框图及引脚排列

各引脚功能说明如下：

U_{CC}：电源输入端。工作电压为 +5 V。

GND：地线。

$IN_0 \sim IN_7$：8 路模拟信号输入端，电压范围为 0～5 V。

A_2、A_1、A_0：8 路模拟信号输入通道的 3 位地址输入端。

ALE：地址锁存允许输入端。该信号的上升沿使多路开关的地址码 $A_2A_1A_0$ 锁存到地址寄存器中。

START：启动信号输入端。此输入信号的上升沿使内部寄存器清零，下降沿使 A/D 转换器开始转换。

EOC：转换结束标志信号输出端，高电平有效。它在 A/D 转换开始时由高电平变为低电平；转换结束后由低电平变为高电平。此信号的上升表示 A/D 转换完毕，常用作中断申请信号。

OE：输出允许信号，高电平有效。用来打开三态输出锁存器，将数据送到数据总线。

CLOCK：时钟信号输入端。时钟的频率决定 A/D 转换的速度。外接时钟频率一般为 500 kHz。

$U_{REF(+)}$ 和 $U_{REF(-)}$：基准电压输入端。它们决定了输入模拟电压的范围和最小分辨率。一般 $U_{REF(+)}$ 接 +5 V 电源，$U_{REF(-)}$ 接地，此时，每位数字量表示的电压为 $\frac{5\ V}{2^8}=20\ mV$。

$D_7 \sim D_0$：8 位数据输出端。

4. 预习要求

(1) 复习 A/D 和 D/A 转换器的有关内容和理论知识。

(2) 阅读实验指导书，理解实验原理，了解实验步骤。

(3) 要求在实验前完成原理图的设计。

5. 实验内容

1) D/A 转换器 DAC0832

(1) 按图 4.13.4 所示电路接线，电路接成直通方式。$D_0 \sim D_7$ 接逻辑开关的输出插口，输出端 u_o 接直流数字电压表。

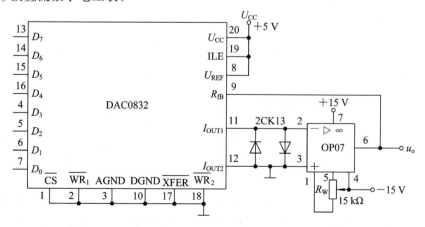

图 4.13.4　D/A 转换器实验电路

（2）调零。令 $D_0 \sim D_7$ 全部置 0，调节运放的电位器使 OP07 输出为 0。

（3）按表 4.13.2 所示输入数字信号，测量 u_o，将其与计算值进行比较。

表 4.13.2　D/A 转换器 DAC0832 实验数据记录

输入数字量								输出模拟量 u_o/V	
D_7	D_6	D_5	D_4	D_3	D_2	D_1	D_0	计算值	测量值
0	0	0	0	0	0	0	0		
0	0	0	0	0	0	0	1		
0	0	0	0	0	0	1	0		
0	0	0	0	0	1	0	0		
0	0	0	0	1	0	0	0		
0	0	0	1	0	0	0	0		
0	0	1	0	0	0	0	0		
0	1	0	0	0	0	0	0		
1	0	0	0	0	0	0	0		
1	1	1	1	1	1	1	1		

2）A/D 转换器 ADC0809

按图 4.13.5 所示接线。

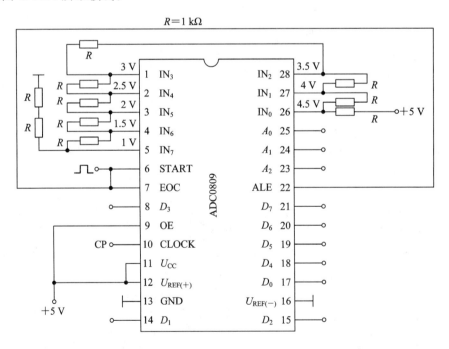

图 4.13.5　ADC0809 实验电路

（1）8 路输入模拟信号为 1~4.5 V，由 +5 V 电源经电阻 R 分压组成。变换结果 $D_0 \sim D_7$ 接逻辑电平显示器输入插口。CP 时钟脉冲由计数脉冲源提供，取 $f = 100 \text{ kHz}$。$A_0 \sim A_2$

地址输入端接逻辑电平输出插口。

（2）接通电源后，在启动信号输入端（START）加一正单次脉冲，下降沿一到，即开始 A/D 转换。

（3）按表 4.13.3 的要求，记录 $IN_0 \sim IN_7$ 8 路模拟信号的转换结果，将转换结果换算成十进制数，并与数字电压表实测值进行比较，分析误差原因。

表 4.13.3　实验数据记录

被选模拟通道	输入模拟量	地　　址			输出数字量									
IN	u_i/V	A_2	A_1	A_0	D_7	D_6	D_5	D_4	D_3	D_2	D_1	D_0	十进制	测量值
IN_0	4.5	0	0	0										
IN_1	4.0	0	0	1										
IN_2	3.5	0	1	0										
IN_3	3.0	0	1	1										
IN_4	2.5	1	0	0										
IN_5	2.0	1	0	1										
IN_6	1.5	1	1	0										
IN_7	1.0	1	1	1										

6. 实验报告要求

（1）根据实验内容绘制实验电路图，整理实验数据。

（2）记录在实验中所遇到的故障和问题以及解决方法。

7. 注意事项

（1）先搭建电路，再接通电源。接通电源前首先确认各电压值不会超过相应芯片的工作电压范围，以免烧坏芯片。

（2）要熟悉芯片的引脚排列，使用时引脚不能接错，特别要注意电源和接地引脚不允许接反。

（3）实验过程中，连接电路和换接电路时，必须断开电源，严禁带电操作。

8. 思考题

（1）D/A 转换器的转换精度与什么有关？

（2）为什么 D/A 转换器的输出要接运算放大器？

第5章 电子技术综合实验

5.1 心电图示仪前端采集电路

1. 实验任务

(1) 差模电压增益：1000 倍；误差：±2%。

(2) 差模输入阻抗：大于 10 MΩ。

(3) 共模抑制比：大于 80 dB。

(4) 通频带：0.05~200 Hz。

2. 题目分析

由于差模电压增益要求很高，需要采用多级放大电路来达到要求。各级放大电路可以采用集成运放设计，且增益分配要均衡。输入阻抗、共模抑制比和噪声主要取决于前置级，因此前置放大电路的设计至关重要。前置级可以采用三运放构成的仪器用放大器，也可以用集成的仪器用放大器。运放最好选择输入级为 JFET 的运放，如 OPA2604、LF347 等。集成仪器用放大器型号有 AD620、INA128 等。

3. 参考设计方案

图 5.1.1 是由运算放大器构成的心电放大器原理图。图中，3 个运算放大器 A_1、A_2、A_3 构成仪表放大器。其中，第一级 A_1、A_2 采用同相输入并联连接，按图中的参数，其输

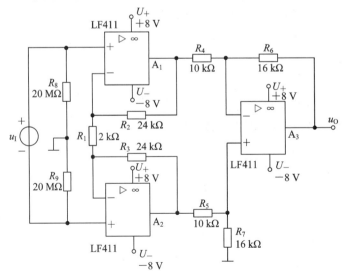

图 5.1.1 集成运放方案

入阻抗约为 10 MΩ；运算放大器 A_3 构成差分放大器作为第二级，可以消除第一级输出信号中的共模干扰信号，获得很高的共模抑制比。

由 INA2128 和运算放大器 OPA2604 构成的一路心电信号放大器如图 5.1.2 所示。A_1 用于放大微弱的心电信号，按照图中的参数，其电压增益为 105 倍；A_2 接成同相跟随器，将仪表放大器内部第一级输出的共模干扰电压取出来驱动导联线屏蔽层，以提高放大器对心电信号中混杂的共模信号的抑制能力；A_3 接成反相比例放大器，用于驱动右腿，以减小人体感应到的 50 Hz 共模干扰。在该电路后面再接上高通电路、二阶有源低通电路和输出放大器，即可构成一路完整的心电信号放大器。

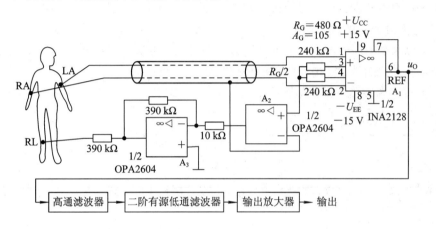

图 5.1.2　集成仪器用放大器方案

4. 实验设备

实验设备见表 5.1.1。

表 5.1.1　实 验 设 备

名称	型号与规格	数量
函数信号发生器	SDG1032X	1
双通道数字示波器	SDS2102X-E	1
直流稳压电源	SPD3303X-E	1
数字万用表	SDM3055X-E	1
面包板	MB-102	1

5.2　数控增益放大器

1. 实验任务

基本要求：

(1) 设计一款放大电路，其增益包括 0.01，0.1，1，10，100，1000 倍可选。

(2) 设计一个增益选择电路，可利用若干按钮(非开关)进行选择。

提高要求：

(1) 增加可选增益等级；

(2) 减少操作按钮数量，循环选择增益。

2. 题目分析

本实验的难点在于如何对增益进行数控，方案有很多种，比如可以用编码器控制模拟开关，可以用译码器控制继电器，可以用 DAC 控制直流配置或者直接用其内部的电阻网络控制，还可以采用数字电位器和集成的压控放大器方案。

3. 参考设计方案

连接好一个八进制的计数器，按钮按动一下产生一个 CP 脉冲，计一次数，计数器的输出端与 3-8 译码器的输入端相连，3-8 译码器的输出端连八个继电器和八个不同的反馈电阻，实现八个不同的增益。输入信号通过射随器，再通过反向比例运算电路，最后通过后级放大电路进行放大。由计数器循环控制增益。

数控增益放大器总体框图如图 5.2.1 所示。

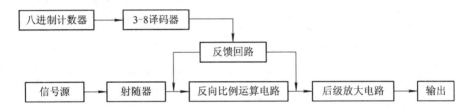

图 5.2.1　数控增益放大器总体框图

4. 实验设备

实验设备见表 5.2.1。

表 5.2.1　实　验　设　备

名　　称	型号与规格	数量
函数信号发生器	SDG1032X	1
双通道数字示波器	SDS2102X-E	1
直流稳压电源	SPD3303X-E	1
数字万用表	SDM3055X-E	1
面包板	MB-102	1

5.3　有源滤波器

1. 实验任务

(1) 通频带：0.05～200 Hz；

(2) 通带增益为 25 倍；

(3) 频带内的响应波动在±3 dB 之内。

2. 题目分析

采用低通-高通串联实现带通滤波器：将带通滤波器的技术指标分成低通滤波器和高

通滤波器两个独立的技术指标,分别设计出低通滤波器和高通滤波器,再将其串联即得带通滤波器。也可以用单运放来组成滤波器,有压控电压源二阶带通滤波器和无限增益多路负反馈有源二阶带通滤波器两种形式。电阻值不宜过大或者过小,一般几千欧至几十千欧合适。一般先确定电容值,然后用电位器反复调试确定电阻值。借助 Filter Solutions 这一类软件,将会大大提高设计的效率。

3. 参考设计方案

如图 5.3.1 所示,已知带通滤波器通带内的差模电压增益表达式为

$$A_{ud3} = \frac{u_{\mathrm{o}}}{u_{o3}} = 1 + \frac{R_{12}}{R_{11}} = 25 \tag{5.3.1}$$

取 $R_{11} = 1\ \mathrm{k\Omega}$,则 $R_{12} = 24\ \mathrm{k\Omega}$。

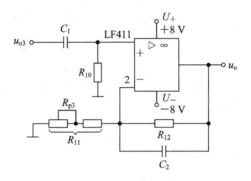

图 5.3.1　有源带通滤波器

C_1、R_{10} 构成高通滤波器,设计要求下限频率为 $f_{\mathrm{L}} = 0.05\ \mathrm{Hz}$。取 $R_{10} = 1\ \mathrm{M\Omega}$,根据 $f_{\mathrm{L}} = 1/(2\pi C_1 R_{10})$ 可算出 $C_1 = 3.18\ \mu\mathrm{F}$,取 $C_1 = 3.3\ \mu\mathrm{F}$ 标称值的电容器,则下限频率为

$$f_{\mathrm{L}} = \frac{1}{2\pi C_1 R_{10}} = 0.048\ \mathrm{Hz}$$

C_2、R_{12} 构成低通滤波器,要求上限频率为 $200\ \mathrm{Hz}$,根据 $f_{\mathrm{H}} = 1/(2\pi C_2 R_{12})$ 可以算出 $C_2 = 0.03316\ \mu\mathrm{F}$,取标称值为 $0.033\ \mu\mathrm{F}$ 的电容器,则上限频率为

$$f_{\mathrm{H}} = \frac{1}{2\pi C_2 R_{12}} = 200.95\ \mathrm{Hz}$$

满足带宽要求。

4. 实验设备

实验设备见表 5.3.1。

表 5.3.1　实 验 设 备

名　　称	型号与规格	数量
函数信号发生器	SDG1032X	1
双通道数字示波器	SDS2102X-E	1
直流稳压电源	SPD3303X-E	1
数字万用表	SDM3055X-E	1
面包板	MB-102	1

5.4 心跳频率计

1. 实验任务

(1)实现在 30~60 s 内测量 1 min 的心跳数。正常人心跳数为 60~80 次/min,婴儿为 90~100 次/min,老人为 100~150 次/min。

(2)用传感器将心跳信号转换为电压信号并放大、整形和滤波。

(3)测试误差不大于 2 次/min。

2. 题目分析

心跳计是用来测量低频信号的装置,它的基本功能要求应该是:

(1)要把人体的心跳数(振动)转换成电信号,这就需要借助传感器。

(2)对转换后的电信号要进行放大和整形处理,以保证其他电路能正常加工和处理。

(3)在很短的时间(若干秒)内,测出经放大后的电信号频率值,这里需要倍频器。

总之,心跳计的核心是要对低频信号在固定的短时间内计数,最后以数字形式显示出来。可见,心跳计的主要组成部分是计数器和数字显示器。

3. 参考设计方案

原理框图如图 5.4.1 所示。

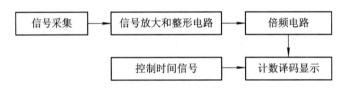

图 5.4.1 心跳计原理框图

1)信号整形电路

在放大电路中输入信号虽然已经被放大,电压也足以满足后续电路驱动之用,但是其波形仍为模拟量,必须将模拟量转换成数字脉冲之后供数字电路使用,整形电路即可实现这个功能。图 5.4.2 是 CMOS 门组成的整形电路。

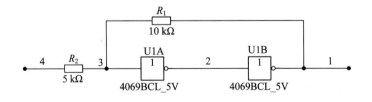

图 5.4.2 CMOS 门组成的整形电路

2)倍频电路

倍频电路的形式很多,如锁相倍频器、异或门倍频器等。由于锁相倍频器电路比较复杂,成本比较高,所以这里采用了能满足设计要求的异或门组成的 4 倍频电路。如图 5.4.3 所示,利用第一个异或门的延迟时间对第二个异或门产生作用,当输入由"0"变成"1"或由

"1"变成"0"时，都会产生脉冲输出。其中电容 C1 是为了延时，经过测试，当 C1＝33 μF，C2＝3.8 μF，R4＝10 kΩ，R5＝10 kΩ 的时候能达到 4 倍频的要求。

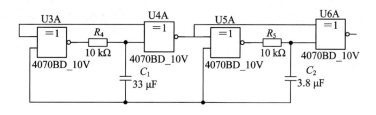

图 5.4.3　倍频电路

4. 实验设备

实验设备见表 5.4.1。

表 5.4.1　实 验 设 备

名　称	型号与规格	数量
函数信号发生器	SDG1032X	1
双通道数字示波器	SDS2102X-E	1
直流稳压电源	SPD3303X-E	1
数字万用表	SDM3055X-E	1
面包板	MB-102	1

5.5　高效率功率放大器

1. 实验任务

设计并制作一个高效率音频功率放大装置。功率放大器的电源电压为＋5 V（电路其他部分的电源电压不限），负载为 8 Ω 电阻。

（1）3 dB 通频带为 300～3400 Hz，输出正弦信号无明显失真。

（2）最大不失真输出功率大于等于 1 W。

（3）输入阻抗大于 10 kΩ，电压放大倍数 1～20 连续可调。

（4）低频噪声电压（20 kHz 以下）小于等于 10 mV，在电压放大倍数为 10、输入端对地交流短路时测量。

（5）在输出功率 500 mW 时测量的功率放大器效率（输出功率/放大器总功耗）大于等于 50%。

2. 题目分析

采用开关方式实现低频功率放大（即 D 类放大）是提高效率的主要途径之一。D 类功放的原理框图如图 5.5.1 所示。D 类功率放大器是用音频信号的幅度去线性调制高频脉冲的宽度，功率输出管工作在高频开关状态，通过 LC 低通滤波器后输出音频信号。由于输出管工作在开关状态，因此具有极高的效率，理论上为 100%，实际电路也可达到 80%～95%。

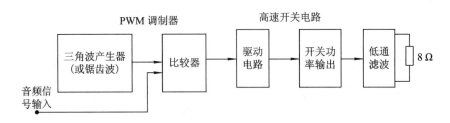

图 5.5.1　D 类功放的原理框图

3. 参考设计方案

如图 5.5.2 所示,将 PWM 信号整形变换成互补对称的输出驱动信号,用 CD40106 施密特触发器并联运用以获得较大的电流输出,送给由晶体三极管组成的互补对称式射极跟随器驱动的输出管,保证了快速驱动。驱动电路晶体三极管选用 2SC8050 和 2SA8550 对管。

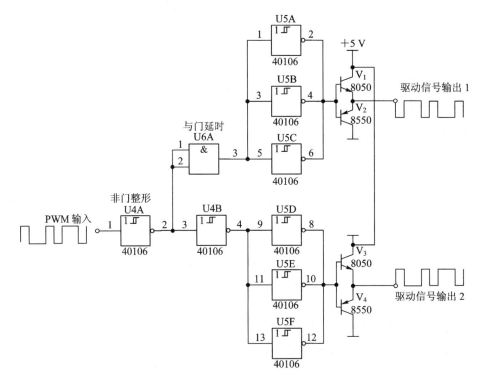

图 5.5.2　驱动电路

对 VMOSFET 的要求是导通电阻小,开关速度快,开启电压小。因输出功率稍大于 1 W,属小功率输出,可选用功率相对较小、输入电容较小、容易快速驱动的对管。IRFD120 和 IRFD9120 VMOS 对管的参数能够满足上述要求,故采用之。实际电路如图 5.5.3 所示。互补 PWM 开关驱动信号交替开启 V_5 和 V_8 或 V_6 和 V_7,分别经两个 4 阶 Butterworth 滤波器滤波后推动喇叭工作。本电路采用 4 阶 Butterworth 低通滤波器,对滤波器的要求是上限频率大于等于 20 kHz,在通频带内特性基本平坦。

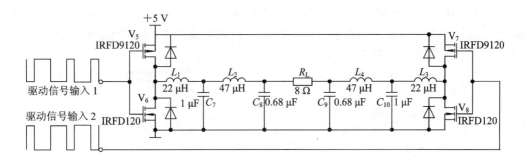

图 5.5.3　H 桥互补对称输出及低通滤波电路

4. 实验设备

实验设备见表 5.5.1。

表 5.5.1　实验设备

名　　称	型号与规格	数量
函数信号发生器	SDG1032X	1
双通道数字示波器	SDS2102X-E	1
直流稳压电源	SPD3303X-E	1
数字万用表	SDM3055X-E	1
面包板	MB-102	1

5.6　数控直流电压源

1. 实验任务

（1）采用 220 V 市电作为所设计电源的能量来源。

（2）可调直流电压输出调整范围为 2.5～25 V，步进自定义。

（3）输出电压由数码管显示，并由"＋""－"二键分别控制输出电压步进增减。

（4）最大输出电流为 1 A。

（5）输出纹波系数不超过 5%。

2. 题目分析

（1）数字控制电路：可由单脉冲产生电路和可逆计数器组成，当输入脉冲信号的时候，通过可逆计数器将脉冲信号转变为数字信号（也可用单片机实现，但超出本课程的范畴）。

（2）主电路部分：可用集成的三端稳压器或者可调式三端稳压器实现，通过改变公共端的电位实现输出电压的变化。

（3）数显部分：可用模/数变换器结合数码管实现。

3. 参考设计方案

主要采用了整流滤波电路、可逆二进制计数器、D/A 变换器及稳压调节电路来进行设计。通过按增或减按钮产生脉冲信号，脉冲信号进入可逆计数器之后会产生数字信号，输入 D/A 变换器转变成模拟信号 U_{IN}，输送进入稳压调节电路。由于 U_I 和 U_{IN} 成线性比例关系，所以需要整流滤波电路来提供直流电压 U_O，以使电路稳定。其原理示意图如图 5.6.1 所示。图 5.6.2 是参考电路图。

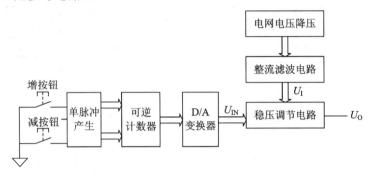

图 5.6.1　数控直流电压源总体框图

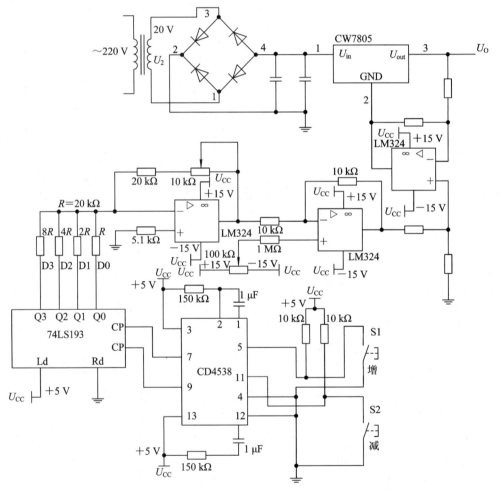

图 5.6.2　数控直流电压源总体参考电路图

4. 实验设备

实验设备见表 5.6.1。

表 5.6.1　实 验 设 备

名　　称	型号与规格	数量
函数信号发生器	SDG1032X	1
双通道数字示波器	SDS2102X-E	1
直流稳压电源	SPD3303X-E	1
数字万用表	SDM3055X-E	1
面包板	MB-102	1

5.7　宽 带 放 大 器

1. 实验任务

(1) 运放工作在 12 V 的单电源条件下。

(2) 对正弦交流小信号进行宽带放大，输入、输出阻抗均为 50 Ω。

(3) 放大倍数达到 40 dB。

(4) 带宽达到 5 MHz。

2. 题目分析

直接选用合适的集成宽带运放来设计电路，考虑到系统需要单电源工作，通过相应的调节电路可以使运放对直流电压进行偏置(到 VCC/2)，使交流信号工作范围扩大，获得较高的放大增益。本设计选择集成运放 OP37FP 和 OPA8421D。本设计采用三级集成运放级联，整个系统电路需要考虑电压放大倍数和相应的带宽。该宽带交流小信号放大器由 OP37FP、OPA8421D 构成。OP37FP 的单位增益带宽积为 63 MHz，OPA8421D 的 GBW＝200(G＝2)时，综合考虑系统电路的性价比、可行性、简单性。根据设计所需要的指标，设计的电路为反相—反相—同相的三级放大电路。

3. 参考设计方案

总电路图如图 5.7.1 所示，第一级分配增益为 1～4.8 可调，第二级分配增益为 3.6，第三级分配增益为 1～51 可调。本实验有两个难点：一个难点在于运放的单电源工作，另一个难点在于集成运放工作带宽和放大倍数如何合理的选取。

4. 实验设备

实验设备见表 5.7.1。

表 5.7.1　实 验 设 备

名　　称	型号与规格	数量
函数信号发生器	SDG1032X	1
双通道数字示波器	SDS2102X-E	1
直流稳压电源	SPD3303X-E	1
数字万用表	SDM3055X-E	1
面包板	MB-102	1

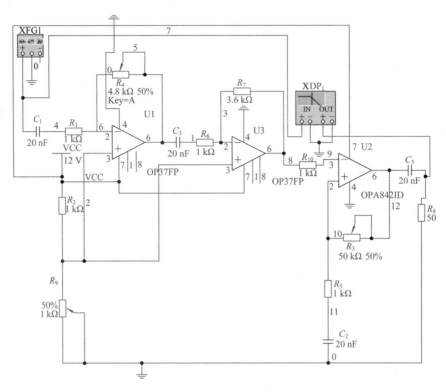

图 5.7.1　总电路图

5.8　小型温控系统

1. 实验任务

设计一个温度监控系统,检测容器内水的温度,用检测到的温度信号控制加热器的开关,将水温控制在一定的范围之内。具体要求如下:

(1) 当水温小于 50℃时,H1、H2 两个加热器同时打开,将容器内的水加热。

(2) 当水温大于 50℃,但小于 60℃时,H_1 加热器打开,H_2 加热器关闭。

(3) 当水温大于 60℃时,H1、H2 两个加热器同时关闭。

(4) 当水温小于 40℃,或者大于 70℃时,用红色发光二极管发出报警信号。

(5) 当水温在 40～70℃之间时,用绿色发光二极管指示水温正常。

2. 题目分析

通过本实验,可以学习温度信号的采集方法;熟悉集成运算放大器的使用方法和模拟信号的一般处理方法;熟悉比较器的使用方法;熟悉继电器和发光二极管的使用方法。可以用铂电阻 Pt100 作为温度传感器,用窗口比较器设置正常的水温,如果对控制精度和速度要求较高,可以采用 PID 控制方法。

3. 参考设计方案

图 5.8.1 可以实现实验任务第(1)～(3)项加热器的控制功能,通过两个电位器分别调

节 50℃和 60℃对应的基准电压；图 5.8.2 可以实现实验任务第(4)～(5)项的比较显示功能，其中 A₄、A₅ 构成窗口比较器。

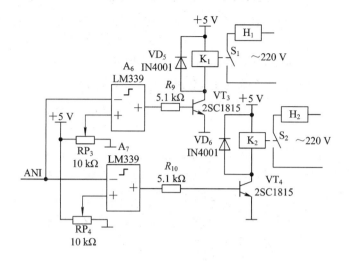

图 5.8.1 控制电路

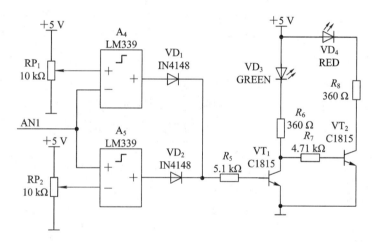

图 5.8.2 比较显示电路

4. 实验设备

实验设备见表 5.8.1。

表 5.8.1 实验设备

名　称	型号与规格	数量
函数信号发生器	SDG1032X	1
双通道数字示波器	SDS2102X-E	1
直流稳压电源	SPD3303X-E	1
数字万用表	SDM3055X-E	1
面包板	MB-102	1

5.9 组合逻辑电路的设计(EDA)

1. 实验目的

(1) 熟悉 Quartus Ⅱ 的 VHDL 文本设计流程全过程。

(2) 学习简单组合逻辑电路的设计。会用 VHDL 语言设计一个四选一数据选择器,并对其进行仿真和硬件测试。

2. 实验原理

数据选择器又叫多路开关。其功能为:在选择控制信号(地址码)电位的控制下,从几个输入数据中选择一个并将其送到一个公共的输出端。四选一数据选择器示意图如图 5.9.1 所示,通过地址码 A1、A0 选择四路输入数据 D0、D1、D2、D3 中的一路数据送至输出端 Y。EN 为使能端,决定多路开关是否正常工作。逻辑功能如表 5.9.1 所示。

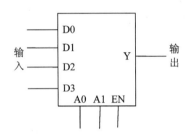

图 5.9.1 四选一数据选择器示意图

表 5.9.1 四选一数据选择器逻辑功能表

输　　　　　入							输　　出
EN	A1	A0	D0	D1	D2	D3	Y
1	×	×	×	×	×	×	1
0	0	0	0	×	×	×	0
			1	×	×	×	1
0	0	1	×	0	×	×	0
			×	1	×	×	1
0	1	0	×	×	0	×	0
			×	×	1	×	1
0	1	1	×	×	×	0	0
			×	×	×	1	1

从表 5.9.1 中可知,使能端 EN=1 时,不论 D0～D3 输入状态如何,Y 端均为 1(显示电路为共阳极),多路开关处于被禁止状态;使能端 EN=0 时,多路开关处于正常工作状态,由地址码 A1、A0 的状态来决定选择 D0～D3 输入信号中哪一个通道的数据输送至Y 端。

3. 实验内容

（1）建立一个四选一数据选择器的文件夹。

（2）在定义好的 VHDL 模型中完成四选一数据选择器的描述并保存。

（3）创建工程，使用 New Project Wizard 可以为工程指定工作目录、分配工程名称以及指定最高层设计实体的名称。

（4）设计完成后进行全程编译，检查源程序编写是否正确。

（5）建立波形编辑文件并对输入波形进行编辑。

（6）启动仿真器进行仿真，并分析仿真结果。

（7）确定目标器件，完成引脚设置后下载，进行硬件测试，验证本设计的功能。

4. 实验设备

实验设备见表 4.9.2。

表 5.9.2　实　验　设　备

名　称	型号与规格	数量
函数信号发生器	SDG1032X	1
双通道数字示波器	SDS2102X-E	1
直流稳压电源	SPD3303X-E	1
数字万用表	SDM3055X-E	1
SOPC/EDA 实验箱	康芯 GW48 系列	1

5. 实验步骤

（1）新建一个名为 mux 的文件夹。文件夹最好不要用中文与数字。与此工程相关的所有文件都要存放在此文件夹中。

（2）输入源程序。打开 Quartus Ⅱ 软件，新建 VHDL 类型文件，命名为 mux41a. vhd，存放于 mux 文件夹。源程序内容如下：

```
library IEEE；
use IEEE. STD_LOGIC_1164. ALL；
use IEEE. STD_LOGIC_ARITH. ALL；
use IEEE. STD_LOGIC_UNSIGNED. ALL；

entity mux41a is    --实体(实体名与文件名一致，均为 mux41a)
    Port (D0：in std_logic；    --端口说明语句
        D1：in std_logic；
        D2：in std_logic；
        D3：in std_logic；
        EN：in std_logic；
        A0：in std_logic；
        A1：in std_logic；
        Y：out std_logic)；
end mux41a；
```

```vhdl
architecture Behavioral of mux41a is    --结构体(结构体名为 Behavioral)
signal A:std_logic_vector(1 downto 0);
signal Y1:std_logic;
begin
  process(EN,Y1)    --进程,敏感信号为 EN,Y1
  begin
    if(EN='0')then
        Y<=Y1;    --使能信号有效,正常工作
    else
        Y<='1';    --使能信号无效,多路开关禁止,输出为高电平
    end if;
  end process;
  A<=A1&A0;
  Y1<=D0 when A="00" else    --条件信号赋值语句,根据 A 的值选择一路输入数据输
                             --送至输出端
      D1 when A="01" else
      D2 when A="10" else
      D3 when A="11" else
      Null;

end Behavioral;
```

(3)创建工程及全程编译。完成源代码输入后即可创建工程。

① 使用 New Project Wizard 为工程指定工作目录(即 mux 文件夹的目录)、分配工程名称以及指定最高层设计实体的名称,工程名可与实体名一致。

② 加入与工程相关的所有 VHDL 文件(本实验指 mux41a.vhd)。

③ 选择仿真器、综合器和目标器件的类型。首先在"Family"栏选择芯片系列,在此选择 CycloneⅢ系列,在有效器件列表中选择专用器件,分别选择封装形式为 PQFP、引脚输出为 240、器件速度级别为 8,选择此系列的具体芯片是 EP3C40Q240C8,这里 EP3C40 表示 CycloneⅢ系列及此器件的规模。设计完成后单击 Finish 按钮。

④ 选择输入的 HDL 类型和综合工具。EDA Simulation 用于选择仿真工具,EDA timing Analysis Tool 用于选择时序分析工具。如果都不做选择,表示选择 Cyclone 自含的所有工具。

⑤ 选择"Processing"菜单的"Start Compilation"项,启动全程编译,检查设计程序是否正确。如有错误,应双击工程管理窗下方的"Processing"栏中的编译信息条文,根据错误标记排除所有错误,重新编译后方可进行下一步操作。

(4)仿真。工程编译通过后,必须对其功能和时序性质进行仿真测试,以了解设计结果是否满足原设计要求。详细步骤如下:

① 建立 VWF(Vector Waveform File)类型波形编辑器文件。

② 设置合理的仿真时间区域,通常为数十微秒。在"Edit"菜单中选择"End Time"项,设置"time"的值。具体的时间值要根据实验实际情况做调整。

③ 将工程 mux41a 的端口信号节点选入波形编辑器中。选择"View"菜单中的"Utility Windows"项的"Node Finder"项。在"Filter"框中选"Pins：all"，单击"List"按钮，于是在下方的"Nodes Found"窗口中出现设计中的 mux41a 工程的所有端口引脚名。将要测试的端口节点拖到波形编辑窗。用鼠标在波形编辑区域右键单击，使仿真坐标处于适当位置，保证有足够长的观察时间。

④ 波形文件存盘。将默认名为 mux41a.vwf 的波形文件存入 mux 文件夹。

⑤ 编辑输入波形(输入激励信号)。本实验可将 D0～D3 分别设置为频率不同、占空比为 50% 的方波信号，再设置好 A1、A0 和 EN 的电平并存盘。

⑥ 仿真方式及仿真编辑文件的选择。此例做功能仿真，只验证功能是否正确。选择"Processing"→"Simulater Tool"，在"Simulater Mode"栏选择"Functionl"。在"Simulation Input"栏添加波形编辑文件 mux41a.vwf，单击"Generate Functional Simulater Netlist"按钮。

⑦ 仿真。单击"确定"后点击"Start"按钮，完成仿真。本例仿真结果如图 5.9.2 所示。

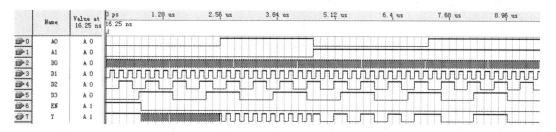

图 5.9.2　四选一多路数据选择器仿真结果

从图 5.9.2 中的仿真结果可知，当使能端 EN=1 时，输出 Y 始终为 1，多路开关被禁止。当使能端 EN=0 时，多路开关正常工作，根据地址码 A1、A0 的状态选择 D0～D3 中的一个通道的数据输送到输出端 Y。仿真结果应与表 5.9.1 逻辑功能一致。

(5) 引脚设置和下载。

① 选择实验电路模式。根据第 1 章 1.5.3 节实验电路结构图，选择合适的实验电路模式，此例可选择 NO.5。

② 点按实验箱上的"模式选择"按钮使按钮上方的数码管显示"5"，此时 GW48 系统板工作于 NO.5 实验电路模式。切记不要让按钮旁的跳线帽跳下端"CLOSE"位置，而应跳上端"ENAB"位置，否则模式选择无效。

③ 根据实验电路结构图 NO.5 和第 1 章 1.5.4 节芯片引脚对照表(注意选择芯片对应的型号)，为输入、输出信号设置目标芯片上对应的 IO 口。在菜单栏中选择"Assignments"→"Pins"，在弹出的引脚编辑窗口下方的"Location"栏为所有的输入、输出信号进行引脚锁定。本例引脚对应关系如下：D0 接 CLOCK2(第 149 脚，8Hz)，D1 接 CLOCK0(第 152 脚，256 Hz)，D2 接 CLOCK5(第 150 脚，1024 Hz)，D3 接 CLOCK9(第 151 脚，5 MHz)，EN 接键4(PIO3，第 37 脚)，A0 接键 1(PIO1，第 21 脚)，A1 接键 2(PIO2，第 22 脚)，Y 接扬声器(SPEAKER，第 164 脚)。

④ 引脚锁定后重新编译，再在菜单栏"Tool"中选择"Programmer"进行下载。在编程窗的编程模式"Mode"中选"JTAG"，并选中下载文件右侧的第一小方框。注意要仔细核对

下载文件路径与文件名。也可手动选择配置文件 mux41a.sof。初次使用还需在"Hardware Setup"栏设置好下载接口方式(本例为 USB - Blaster)。点击"Start"完成下载。

⑤ 硬件测试。将 EN 设置为低电平(即键 4 上方的灯不亮),允许输出。设置不同的地址码 A1A0(从 00～11),可通过扬声器听到不同音调的声音。注意,本例中 8 Hz 对应的音调较低,1024 Hz 对应的音调比 256 Hz 对应的音调更为尖锐,而 5 MHz 对应的音调超出人耳能听到的范围,故听不到。

6. 实验报告

(1) 写出本实验工程及工程设计文件的建立过程。

(2) 用 VHDL 语言写出四选一数据选择器源程序。

(3) 对四选一数据选择器的逻辑功能进行仿真并分析仿真结果。

(4) 写出硬件验证的操作过程及现象,说明是否与设计相符。

7. 拓展

设计并实现一个 3 - 8 译码器,进行仿真和硬件测试。

5.10 时序逻辑电路的设计(EDA)

1. 实验目的

(1) 进一步熟悉 Quartus Ⅱ 的 VHDL 文本设计流程全过程。

(2) 学习简单时序逻辑电路的设计,掌握可逆计数器的逻辑功能及使用方法。会用 VHDL 语言设计一个可逆十六进制计数器,并对其进行仿真和硬件测试。

2. 实验原理

可逆十六进制计数器的状态表如表 5.10.1 所示。RST 为异步清零信号,EN 为计数同步使能信号,CLK 是时钟信号,LOAD 为计数初始值载入信号,MD 为加或减计数模式选择信号,DIN 为四位要载入的计数初始值,COUNT 为四位计数输出信号。表中的 D、C、B、A 表示任意初始值。

表 5.10.1 可逆十六进制计数器状态表

输　　　　　入								输　　　　　出			
RST	EN	CLK	LOAD	MD	DIN3	DIN2	DIN1	DIN0	COUNT3	COUNT2	COUNT1	COUNT0
1	×	×	×	×	×	×	×	×	0	0	0	0
0	0	×	×	×	×	×	×	×	0	0	0	0
0	1	↑	1	×	D	C	B	A	D	C	B	A
0	1	↑	0	1	×	×	×	×	加计数			
0	1	↑	0	0	×	×	×	×	减计数			

3. 实验内容

(1) 建立一个可逆十六进制计数器的文件夹。

(2) 在定义好的 VHDL 模型中完成可逆十六进制计数器的描述并保存。

（3）创建工程，使用"New Project Wizard"可以为工程指定工作目录、分配工程名称以及指定最高层设计实体的名称。

（4）设计完成后进行全程编译，检查源程序编写是否正确。

（5）建立波形编辑文件并对输入波形进行编辑。

（6）启动仿真器进行仿真，并分析仿真结果。

（7）确定目标器件，完成引脚设置后下载，进行硬件测试，验证本设计的功能。

4. 实验设备

实验设备见表 5.10.2。

表 5.10.2　实 验 设 备

名　称	型号与规格	数量
函数信号发生器	SDG1032X	1
双通道数字示波器	SDS2102X-E	1
直流稳压电源	SPD3303X-E	1
数字万用表	SDM3055X-E	1
SOPC/EDA 实验箱	康芯 GW48 系列	1

5. 实验步骤

（1）新建一个名为 COUNTER16 的文件夹。

（2）输入源程序。新建 VHDL 类型文件，命名为 cnt16. vhd，存放于 COUNTER16 文件夹下。源程序内容如下：

```
library IEEE；
use IEEE. STD_LOGIC_1164. ALL；
use IEEE. STD_LOGIC_ARITH. ALL；
use IEEE. STD_LOGIC_UNSIGNED. ALL；
entity cnt16 is                      --实体(实体名与文件名一致，均为 cnt16)
    Port (RST : in std_logic；        --端口说明语句
        EN : in std_logic；
        CLK : in std_logic；
        LOAD : in std_logic；
        MD : in std_logic；
        DIN : in std_logic_vector(3 downto 0)；
        COUNT : out std_logic_vector(3 downto 0))；
end cnt16；

architecture Behavioral of cnt16 is   --结构体(结构体名为 Behavioral)
signal COUNT1: std_logic_vector(3 downto 0)；
    begin
    process (CLK，RST)                 --进程，敏感信号为 CLK、RST
        begin
            if RST='1' then
```

```
        COUNT1 <= "0000";                --复位信号 RST 高电平有效,计数器清零
     elsif CLK='1' and CLK'event then      --复位信号无效,时钟上升沿到达
        if EN='1' then                   --若使能信号有效,允许计数
          if LOAD='1' then               --此时载入信号有效
           COUNT1 <= DIN;                --将初始值载入
             else
            if MD='1' then               --若载入信号 LOAD 无效,计数模式选择信号为'1'
              COUNT1 <=COUNT1 + 1;       --进行加计数
                else
             COUNT1<= COUNT1 - 1;        --计数模式选择信号为'0',进行减计数
            end if;
          end if;
        end if;
      end if;
    end process;
      COUNT <=COUNT1;                       --将计数结果输出
    end Behavioral;
```

（3）创建工程及全程编译。完成源代码输入后即可创建工程。

① 使用"New Project Wizard"为工程指定工作目录（即 COUNTER16 文件夹的目录）、分配工程名称以及指定最高层设计实体的名称,工程名可与实体名一致。

② 加入与工程相关的所有 VHDL 文件（本实验指 cnt16.vhd）。

③ 选择仿真器、综合器和目标器件的类型,并选择输入的 HDL 类型和综合工具。具体操作前已介绍,在此不再赘述,以下详细步骤均可参照上一实验。

④ 选择"Processing"菜单的"Start Compilation"项,启动全程编译,检查设计程序是否正确。排除所有错误并重新编译。

（4）仿真。对其功能和时序性质进行仿真测试,以了解设计结果是否满足原设计要求。详细步骤如下:

① 建立 vwf(Vector Waveform File)类型的波形编辑器文件。

② 设置合理的仿真时间区域,通常为数十微秒。在"Edit"菜单中选择"End Time"项,设置"time"的值。具体的时间值要根据实验实际情况做调整。

③ 将工程 cnt16 的端口信号节点选入波形编辑器中。用鼠标在波形编辑区域右键单击,使仿真坐标处于适当位置,保证有足够长的观察时间。

④ 波形文件存盘。将默认名为 cnt16.vwf 的波形文件存入 COUNT16 文件夹。

⑤ 编辑输入波形（输入激励信号）。本实验仿真设置计数初始值 DIN3～DIN0 为"0011"（十六进制的 3）,MOD 前面时为"1",即加计数,后面时为"0",即减计数。

⑥ 仿真方式及仿真编辑文件的选择。此例做功能仿真,只验证功能是否正确。选择好波形编辑文件 cnt16.vwf,单击"确定"按钮后点击"Start"按钮,完成仿真。本例仿真结果如图 5.10.1 所示。

从图 5.10.1 中的仿真结果可知,当复位信号 RST 有效时,计数器复位,否则在时钟的上升沿到达且检测到使能信号 EN 有效时,再检测载入信号 LOAD。若 LOAD 有效,则

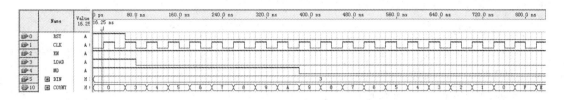

图 5.10.1　可逆十六进制计数器仿真结果

载入计数初始值 DIN(这里设置为十六进制的"3")。然后根据计数模式选择信号 MD 的值进行加或减计数。计数的结果从 COUNT 输出。加计数从初始值到 A 时,MD 变为"0",开始减计数。仿真结果应与表 5.10.1 功能一致。

(5) 引脚设置和下载。

① 选择实验电路模式。根据第 1 章 1.5.3 节实验电路结构图,选择合适的实验电路模式,此例可选择 NO.0。

② 点按实验箱上的"模式选择"按钮使按钮上方的数码管显示"0"(默认为 0),此时 GW48 系统板工作于 NO.0 实验电路模式。

③ 根据第 1 章 1.5.3 节实验电路结构图 NO.0 和 1.5.4 节芯片引脚对照表(注意选择芯片对应的型号),为输入输出信号设置目标芯片上对应的 IO 口。本例引脚对应关系如下:RST 接键 8(PIO7,第 43 脚),EN 接键 7(PIO6,第 41 脚),LOAD 接键 6(PIO5,第 39脚),MD 接键 5(PIO4,第 38 脚)。初始值 DIN3～DIN0 从键 1 输入(PIO11～PIO8,分别对应第 49,46,45,44 脚),计数结果 COUNT 从数码 1 输出显示(PIO19～PIO16,分别对应第 68,63,57,56 脚)。时钟 CLK 接 CLOCK0(可选择 1 Hz,对应第 152 脚)。

④ 引脚锁定后重新编译,再在菜单栏"Tool"中选择"Programmer"进行下载。也可手动选择配置文件 cnt16.sof 。点击"Start"完成下载。

⑤ 硬件测试。将 RST 设置为"0"(键 8 上方灯不亮),EN 设置为"1"(允许计数),LOAD 先设置为"1"(允许载入初始值),MD 设置为"1"(加计数)。连续按键 1 三次,D4～D1 显示为"灭灭亮亮",即"0011",对应十六进制的"3"。此时数码 1 显示初始值 3。将 LOAD 设置为"0",便开始加计数。若要减计数,将 MD 设置为"0"即可。

6. 实验报告

(1) 写出本实验工程及工程设计文件的建立过程。

(2) 用 VHDL 语言写出可逆十六进制计数器源程序。

(3) 对可逆十六进制计数器的逻辑功能进行仿真并分析仿真结果。

(4) 写出硬件验证的操作过程及现象,说明是否与设计相符。

7. 拓展

设计一个十进制可逆计数器,进行仿真和硬件测试。

5.11　电子琴的设计(EDA)

1. 实验目的

学习顶层设计文件的编写,利用数控分频器设计硬件乐曲演奏电路,完成简易电子琴的设计。

2. 实验原理

设计一个简易的八音符电子琴,它可通过选择开关和按键输入来实现即时演奏 C 大调或 G 大调的 8 个不同音阶(低音)。

系统的总体设计原理图见图 5.11.1,它由音调发生模块 tonetab 和数控分频模块 speaker 两部分组成,这两个模块通过顶层设计文件构成一个完整的电子琴设计。

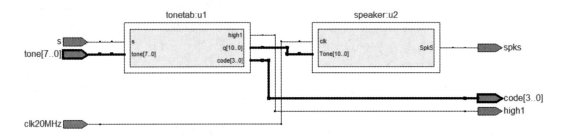

图 5.11.1 系统的顶层设计原理图

1) 音调发生模块

音调发生模块的作用是为 speaker 提供决定所发音符的分频预置数,其内部设置了 8 个音符所对应的分频预置数。当接收到手动输入的音符按键输入后,8 位发声控制输入信号中的一位为高电平,则对应某一音阶的数值 q[10..0] 将输出,此数值即为该音阶的分频值。s 为 C 大调和 G 大调的转换开关。当前音名的简谱码由 code[3..0] 送至数码管动态显示,高八度音阶 high1 在数码管上方加发光管点亮表示。

2) 数控分频模块

该模块的主要功能是对系统时钟(20 MHz)按 8 个音符对应的频率进行分频后通过扬声器输出。手停留在按键上的时间决定该音符持续的时间。

3. 实验内容

(1) 分别完成各模块的设计,并仿真。

(2) 确定目标器件,完成引脚设置后下载进行硬件测试,验证本设计的功能。

4. 实验设备

实验设备见表 5.11.1。

表 5.11.1 实 验 设 备

名 称	型号与规格	数量
函数信号发生器	SDG1032X	1
双通道数字示波器	SDS2102X-E	1
直流稳压电源	SPD3303X-E	1
数字万用表	SDM3055X-E	1
SOPC/EDA 实验箱	康芯 GW48 系列	1

5. 程序设计与仿真

（1）音调发生模块（tonetab）。源程序如下：

```
library IEEE；
use IEEE. STD_LOGIC_1164. ALL；
use IEEE. STD_LOGIC_ARITH. ALL；
use IEEE. STD_LOGIC_UNSIGNED. ALL；
entity tonetab is        --分频预置数产生电路
    Port（tone：in std_logic_vector(7 downto 0)；      --键盘音调输入
        s：in std_logic；                            --C 调/G 调选择
        q: out std_logic_vector(10 downto 0)；        --分频预置数
        code：out std_logic_vector(3 downto 0)；       --音调对应简谱输出
        high1：out std_logic)；                        --高八度音阶指示灯
end tonetab；


architecture Behavioral of tonetab is
signal tones: std_logic_vector(8 downto 0)；
    begin
        tones<=tone&s；
        process(tones)
            begin
                case tones is
                    when "000000000"=>q<="11111111111"；code<="0000"；high1<='0'；
                                --休止符不发音，2047
                    when "000000010"=>q<="00010001100"；code<="0001"；high1<='0'；
                                --低音 1(s 为低，C 调)，预置数为 140
                    when "000000100"=>q<="00101011011"；code<="0010"；high1<='0'；
                                --低音 2，347
                    when "000001000"=>q<="01000010100"；code<="0011"；high1<='0'；
                                --低音 3，532
                    when "000010000"=>q<="01001100110"；code<="0100"；high1<='0'；
                                --低音 4，618
                    when "000100000"=>q<="01100000011"；code<="0101"；high1<='0'；
                                --低音 5，771
                    when "001000000"=>q<="01110001111"；code<="0110"；high1<='0'；
                                --低音 6，911
                    when "010000000"=>q<="10000001011"；code<="0111"；high1<='0'；
                                --低音 7，1035
                    when "100000000"=>q<="10001000011"；code<="0001"；high1<='1'；
                                --中音 1，1091
                    when "000000001"=>q<="11111111111"；code<="0000"；high1<='0'；
                                --休止符不发音，2047
```

```
        when "000000011"=>q<="01100000101"; code<="0001"; high1<='0';
                --低音 1(s 为高，G 调)，预置数为 773
        when "000000101"=>q<="01110010000"; code<="0010"; high1<='0';
                --低音 2，912
        when "000001001"=>q<="10000001100"; code<="0011"; high1<='0';
                --低音 3，1036
        when "000010001"=>q<="10001011100"; code<="0100"; high1<='0';
                --低音 4，1116
        when "000100001"=>q<="10010101101"; code<="0101"; high1<='0';
                --低音 5，1197
        when "001000001"=>q<="10100001010"; code<="0110"; high1<='0';
                --低音 6，1290
        when "010000001"=>q<="10101011100"; code<="0111"; high1<='0';
                --低音 7，1372
        when "100000001"=>q<="10110000010"; code<="0001"; high1<='1';
                --中音 1，1410
        when others=>null;
      end case;
    end process;
  end Behavioral;
```

(2) 数控分频模块 speaker。源程序如下：

```
LIBRARY IEEE;
USE IEEE. STD_LOGIC_1164. ALL;
USE IEEE. STD_LOGIC_UNSIGNED. ALL;
ENTITY speaker IS
    PORT ( clk  ; IN STD_LOGIC;        -- 20 MHz 系统时钟
           Tone : IN STD_LOGIC_VECTOR (10 DOWNTO 0);      --分频预置数
           SpkS, spks1 : OUT STD_LOGIC);   --输入音符对应的频率，由扬声器输出
END;


ARCHITECTURE one OF speaker IS
    SIGNAL PreCLK, Count2, FullSpkS: STD_LOGIC;
    SIGNAL Count11 ; STD_LOGIC_VECTOR (10 DOWNTO 0);
    SIGNAL Count5;STD_LOGIC_VECTOR (4 DOWNTO 0);
BEGIN
    DivideCLK ; PROCESS(clk, PreCLK)    --将 CLK 进行 20 分频，PreCLK 为 1 MHz
    BEGIN
        IF clk'EVENT AND clk = '1' THEN
        IF Count5 <"10011" THEN count5<= Count5 + 1; PreCLK<='0';
        else count5<=(others=>'0');
        PreCLK<='1';
```

```
        end IF；
      END IF；
      spks1 <= preclk；
    END PROCESS；

    GenSpkS：PROCESS(PreCLK，Tone)　　-- 11 位可预置计数器
  BEGIN
      IF PreCLK'EVENT AND PreCLK = '1' THEN
        IF Count11 ="11111111111" THEN Count11 <= Tone；FullSpkS <= '1'；
          ELSE Count11 <= Count11 + 1；FullSpkS <= '0'；END IF；
        END IF；
    END PROCESS；

    DelaySpkS：PROCESS(FullSpkS)　　--将输出再 2 分频，展宽脉冲，使扬声器有足够功率发音
  BEGIN
      IF FullSpkS'EVENT AND FullSpkS = '1' THEN　Count2 <= NOT Count2；
          IF Count2 = '1' THEN　SpkS <= '1'；
          ELSE SpkS <= '0'；　END IF；
        END IF；
    END PROCESS；
  END；
```

（3）顶层设计文件(songtop)。源程序如下：

```
library IEEE；
use IEEE. STD_LOGIC_1164. ALL；
use IEEE. STD_LOGIC_ARITH. ALL；
use IEEE. STD_LOGIC_UNSIGNED. ALL；
entity songtop is
    Port (clk20MHz：in std_logic；
        s：in std_logic；
        tone：in std_logic_vector(7 downto 0)；
        code：out std_logic_vector(3 downto 0)；--音调对应简谱输出
        high1：out std_logic；              --高八度指示灯
        spks：out std_logic)；
end songtop；
architecture Behavioral of songtop is
component tonetab          --元件申明语句
Port (tone：in std_logic_vector(7 downto 0)；
      s：in std_logic；
      q：out std_logic_vector(10 downto 0)；
      code：out std_logic_vector(3 downto 0)；
      high1：out std_logic)；
```

```
end component；
component speaker
PORT ( clk：IN STD_LOGIC；--20MHz
        Tone：IN STD_LOGIC_VECTOR (10 DOWNTO 0)；
        SpkS：OUT STD_LOGIC  )；
end component；
signal q1:std_logic_vector(10 downto 0)；
begin
u1:tonetab port map(tone=>tone，s=>s，high1=>high1，code=>code，q=>q1)；
                        --元件例化语句
u2:speaker port map(clk=>clk20MHz，tone=>q1，spks=>spks)；
end Behavioral；
```

对顶层文件进行仿真，结果如图 5.11.2 所示。

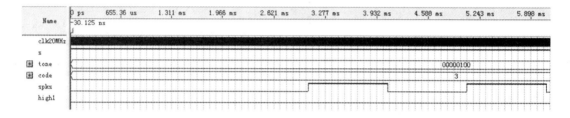

图 5.11.2　电子琴仿真结果

从图 5.11.2 中的仿真结果可知，系统时钟为 20 MHz，图中 s 为高电平，为 G 调演奏模式。手动输入为低音音符"3"，spks 的频率为 G 调"3"对应的频率。注意设置仿真时长。

6. 引脚配置与下载

(1) 选择实验电路模式 3。

(2) 本例引脚对应关系如下：clk20MHz 接 clock0(第 152 脚)，s 可接开关(PIO42，第 143 脚，此开关推到上方为高电平)，tone[7..0]分别接键 1 至键 8，code 可接数码 1，high1 可接 D1，spks 接扬声器。

(3) 编译后进行硬件测试。将 s 设置为"0"，进行 C 调演奏。再将 s 设置为"1"，进行 G 调演奏。

7. 实验报告

(1) 完成各模块源程序并对关键语句进行注释，推算输出频率与系统时钟频率之间的关系式。

(2) 总结如何设计顶层文件。

(3) 对各模块分别进行仿真。

(4) 进行硬件测试。详细叙述硬件电子琴的工作原理及硬件实验情况。

8. 拓展

(1) 设计演奏中音、高音音符对应的 VHDL 程序。

（2）设计一个能进行自动演奏的电子琴。

5.12　数字时钟的设计（EDA）

1．实验目的

（1）学习层次化设计的方法。

（2）设计一个含时/分/秒显示的数字时钟，具有清零和时/分/秒的预置功能。

2．实验原理

系统主要由基准时钟模块、可预置计数器模块等构成。组成方框图如图5.12.1所示。

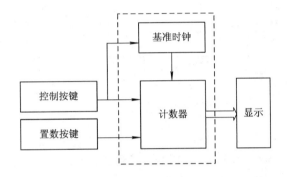

图 5.12.1　数字时钟系统组成方框图

（1）基准时钟模块。由一个分频器构成，将外部引入的时钟信号分频后得到频率为 1 Hz 的计数时钟信号。

（2）十进制可预置计数器模块。时钟由时、分、秒组成，分、秒都为六十进制。为方便显示，采用的计数器为十进制，六十进制计数器可以由十进制计数器和六进制计数器组成。

（3）六进制可预置计数器模块。十进制计数器的进位作为六进制计数器的时钟信号，共同组成一个六十进制计数器。

（4）二十四进制可预置计数器模块。时钟的小时是二十四进制的，所以需要设计一个二十四进制的可预置计数器。

计数模块均能预置数，受总清零信号控制。

（5）显示输出。时、分、秒共由 6 个数码管来显示输出。显示模块为硬件测试内容。

3．实验内容

（1）为本设计建立一个文件夹。

（2）设计一个分频器（div）、一个二选一多路选择器（mux21a）、一个异步清零十进制计数器（counter10）、一个异步清零六进制计数器（counter6）和一个二十四进制计数器（counter24）。

（3）建立顶层文件（clock_top），完成数字时钟的设计并创建工程。注意：工程名称应与顶层设计文件的文件名（即顶层文件的实体名）保持一致。以上文件需存放于新建的文件夹中，注意文件夹及文件的命名规则。

（4）进行全程编译，检查源程序编写是否正确。

(5) 建立波形编辑文件,对输入波形进行编辑后启动仿真,并分析仿真结果。

(6) 确定目标器件,完成引脚设置后下载进行硬件测试,验证本设计的功能。

4. 实验设备

实验设备见表 5.12.1。

表 5.12.1 实 验 设 备

名 称	型号与规格	数量
函数信号发生器	SDG1032X	1
双通道数字示波器	SDS2102X-E	1
直流稳压电源	SPD3303X-E	1
数字万用表	SDM3055X-E	1
SOPC/EDA 实验箱	康芯 GW48 系列	1

5. 程序设计

(1) 时钟分频器(div. vhd)。源程序如下:

```
library IEEE;
use IEEE.STD_LOGIC_1164. ALL;
use IEEE.STD_LOGIC_ARITH. ALL;
use IEEE.STD_LOGIC_UNSIGNED. ALL;
entity div is
    Port ( clk: in std_logic;        --系统时钟
           clk1: out std_logic);   --分频后的 1 Hz 时钟
end div1;
architecture Behavioral of div1 is
begin
  process(clk)
  variable cnt:integer range 0 to1;    --分频系数的设置,根据需要进行修改,本例为 2 分频
  begin
    if clk'event and clk='1' then
  if cnt=1 then
      cnt:=0;
    clk1<='1';
        else
         cnt:=cnt+1;
        clk1<='0';
      end if;
    end if;
  end process;
end Behavioral;
```

(2) 二选一多路选择器(mux21a. vhd)。源程序如下:

```
library IEEE;
```

```
use IEEE. STD_LOGIC_1164. ALL;
entity mux21a is
    Port ( d0 : in std_logic;
           d1: in std_logic;
           s: in std_logic;
           y : out std_logic);
end mux21a;
architecture Behavioral of mux21a is
begin
        y<=d1 when s='0'
            else d0;
end Behavioral;
```

(3) 十进制计数器(counter10. vhd)。源程序如下：

```
library IEEE;
use IEEE. STD_LOGIC_1164. ALL;
use IEEE. STD_LOGIC_ARITH. ALL;
use IEEE. STD_LOGIC_UNSIGNED. ALL;
entity counter10 is
    Port ( clk: in std_logic;                 --计数时钟信号
           reset: in std_logic;               --清零信号
           dout: out std_logic_vector(3 downto 0); --计数四位输出
        c: out std_logic);                     --进位输出
end counter10;
architecture Behavioral of counter10 is
signal count : std_logic_vector(3 downto 0);
begin
        dout <= count;
    process(clk, reset)
    begin
      if reset='0' then
        count <="0000";                        --复位信号有效,清零
        c<='0';
        elsif rising_edge(clk) then
          if count = "1001" then
            count <= "0000";
            c<='1';
          else
            count <= count+1;
            c<='0';
          end if;
        end if;
    end process;
end Behavioral;
```

（4）六进制计数器（counter6. vhd）。源程序如下：

```
library IEEE；
use IEEE. STD_LOGIC_1164. ALL；
use IEEE. STD_LOGIC_ARITH. ALL；
use IEEE. STD_LOGIC_UNSIGNED. ALL；
entity counter6 is
    Port ( clk：in std_logic；
            reset：in std_logic；
            dout：out std_logic_vector(3 downto 0)；
            c：out std_logic)；
end counter6；
architecture Behavioral of counter6 is
signal count：std_logic_vector(3 downto 0)；
begin
    dout <= count；
process(clk，reset)
begin
    if reset= '0' then
    count <= "0000"；
    c<='0'；
        elsif rising_edge(clk) then
            if count="0101" then
                count<="0000"；
                c<='1'；
            else
                count<=count+1；
                c<='0'；
            end if；
        end if；
    end process；
end Behavioral；
```

（5）二十四进制计数器（counter24. vhd）。源程序如下：

```
library IEEE；
use IEEE. STD_LOGIC_1164. ALL；
use IEEE. STD_LOGIC_ARITH. ALL；
use IEEE. STD_LOGIC_UNSIGNED. ALL；
entity counter24 is
    Port ( clk：in std_logic；
            reset：in std_logic；
            douthl, douthh：out std_logic_vector(3 downto 0) )；
end counter24；
architecture Behavioral of counter24 is
signal counthl, counthh：std_logic_vector(3 downto 0)；
```

```
begin
    douthl <= counthl;
    douthh <= counthh;
        process(clk, reset)
        begin
            if reset= '0' then
                counthl <= "0000";
                counthh <= "0000";
            elsif rising_edge(clk) then
                if counthl="1001" then
                    counthl<="0000";
                    counthh<=counthh +1;
                else
                    counthl<=counthl +1;
                end if;
                if counthh="0010"and counthl="0011" then
                    counthl <= "0000";
                    counthh <= "0000";
                end if;
            end if;
        end process;
end;
```

（6）顶层设计文件（clock_top. vhd）。数字时钟可以显示时、分、秒，还可以进行时间的设置。顶层文件 VHDL 源程序如下：

```
library IEEE;
use IEEE. STD_LOGIC_1164. ALL;
use IEEE. STD_LOGIC_ARITH. ALL;
use IEEE. STD_LOGIC_UNSIGNED. ALL;
entity clock_top is
    Port ( clk: in std_logic;                --外部时钟，需分频至1Hz
            clks, clkm, clkh : in std_logic;    --秒、分、时置数信号
            s: in std_logic;                 --时钟选择信号
            reset: in std_logic;             --复位信号
            doutsl, doutsh: out std_logic_vector(3 downto 0);    --秒低位和秒高位输出
            doutml, doutmh: out std_logic_vector(3 downto 0);   --分低位和分高位输出
            douthl, douthh: out std_logic_vector(3 downto 0));  --时低位和时高位输出
end clock_top;
architecture Behavioral of clock_top is
component div
    Port ( clk: in std_logic;
            clk1: out std_logic);
end component;
component mux21a
```

```
        Port ( d0：in std_logic;
                d1：in std_logic;
                s：in std_logic;
                y：out std_logic);
    end component;
    component counter10 is
        Port ( clk：in std_logic;
                reset：in std_logic;
                dout：out std_logic_vector(3 downto 0)；
                c：out std_logic);
    end component;
    component counter6 is
        Port ( clk：in std_logic;
                reset：in std_logic;
                dout：out std_logic_vector(3 downto 0)；
                c：out std_logic);
    end component;
    component counter24 is
        Port ( clk：in std_logic;
                reset：in std_logic;
                douthl, douthh：out std_logic_vector(3 downto 0) )；
    end component;
        signal y1，y2，y3：std_logic;
        signal c1，c2，c3，c4，c5：std_logic;
        signal clk2：std_logic;
    begin
        u0：div port map(clk=>clk, clk1=>clk2);
        u1：mux21a port map( d0=>clks, d1=>clk2, s=>s, y=>y1);
        u2：counter10 port map( clk=>y1, reset=>reset, c=>c1,
        dout=>doutsl)；
        u3：counter6 port map(clk=>c1, reset=>reset, c=>c2, dout=>doutsh);
        u4：mux21a port map( d0=>clkm, d1=>c2, s=>s, y=>y2);
        u5：counter10 port map( clk=>y2, reset=>reset, c=>c3, dout=>doutml);
        u6：counter6 port map(clk=>c3, reset=>reset, c=>c4, dout=>doutmh);
        u7：mux21a port map( d0=>clkh, d1=>c4, s=>s, y=>y3);
        u8：counter24 port map(clk=>y3, reset=>reset, douthl=>douthl, douthh=>douthh);
    end Behavioral;
```

6. 仿真

顶层仿真结果局部图如图 5.12.2 所示。由图可知，在 s 有效时，开始置数。秒置为"09"，分置为"07"，时置为"02"。s 无效时，从已置数开始执行时钟的正常计数功能。为了读图方便，时、分、秒的输出均选择无符号整数显示方式。由图可以看出秒的个位向秒的十位的进位。由于空间有限，图 5.12.2 只能显示出秒低位向秒高位的进位。分、秒的显示范围为"00"～"59"，时的显示范围为"00"～"23"。

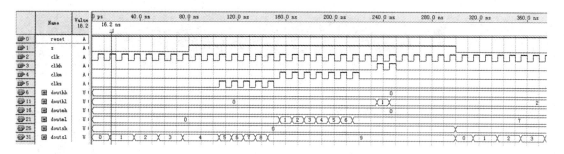

图 5.12.2　数字时钟顶层文件仿真结果局部图

7. 硬件测试

(1) 可选用第 1 章 1.5.3 节 NO.7 电路结构模式进行硬件测试。

(2) 引脚锁定。时钟选择 CLOCK2 的 2 Hz(因本实验分频系数设为二分频，可自行设置不同的分频系数)。选择键 8 为复位键(reset)，键 5 为置数键(s)(按此键设置时间)，键 7 为时置数时钟(clkh)，键 4 为分置数时钟，键 1 为秒置数时钟。数码 8、数码 7 为时显示，数码 5、数码 4 为分显示，数码 2、数码 1 为秒显示。

8. 实验报告

(1) 用 VHDL 语言编写数字时钟的源程序。

(2) 分别将数字时钟中的分频器、十进制计数器、六进制计数器及二十四进制计数器进行仿真并分析仿真结果。此时工程名分别设置为要进行仿真的文件名。

(3) 对数字时钟系统的功能进行仿真并分析仿真结果。此时工程名应设置为顶层文件名。

(4) 对数字时钟系统进行硬件测试(顶层)。

9. 拓展

(1) 修改程序，将数字时钟改为 12 小时制。

(2) 为时钟设计整点报时功能。

(3) 为时钟设计闹钟功能。

(4) 为时、分、秒的 6 个 4 位输出添加译码功能(可直接输出至 7 段数码管)。

第6章 电子技术课程设计

6.1 概　述

电子技术课程设计是电子技术课程的实践性教学环节，是学生学习电子技术课程的综合性训练。它是通过教师指导，让学生独立进行某一课题的设计、安装、调试和撰写设计总结或设计说明书等一系列过程来完成的，它能培养学生把模拟电子技术和数字电子技术课程中所学到的理论与实践紧密结合，独立地解决实际生产生活中的问题，制作出小型的电子系统。具体内容有查阅资料、方案选择、参数计算、计算机仿真、电路板制作、测试测量和撰写报告等。

课件

思维导图

6.2　电子电路的设计方法

设计一个电子电路系统时，首先必须明确系统的设计任务，根据任务进行方案选择，然后对方案中的各部分进行单元的设计、参数计算和器件选择，最后将各部分连接在一起，画出一个符合设计要求的完整的系统电路图。

1. 明确系统的设计任务要求

对系统的设计任务进行具体分析，充分了解系统的性能、指标、内容及要求，以便明确系统应完成的任务。

2. 方案选择

方案选择的工作要求是：把系统要完成的任务分配给若干个单元电路，并画出一个能表示各单元功能的整机原理框图。

方案选择的重要任务是根据掌握的知识和资料，针对系统提出的任务、要求和条件，完成系统的功能设计。在这个过程中要敢于探索，勇于创新，力争做到设计方案合理、可靠、经济、功能齐全、技术先进。对方案要不断进行可行性和优缺点的分析，最后设计出一个完整框图。框图必须正确反映系统应完成的任务和各组成部分的功能，清楚表示系统的基本组成和相互关系。

3. 单元电路的设计、参数计算和器件选择

根据系统的指标和功能框图，明确各部分任务，进行各单元电路的设计、参数计算和器件选择。

1）单元电路设计

单元电路是整机的一部分，只有把各单元电路设计好才能提高整体设计水平。

设计每个单元电路前都需明确本单元电路的任务，详细拟定出单元电路的性能指标，与前后级之间的关系，分析电路的组成形式。具体设计时，可以模仿成熟的、先进的电路，也可以进行创新或改进，但都必须保证性能要求。另外，不仅单元电路本身要设计合理，各单元电路间也要互相配合，注意各部分的输入信号、输出信号和控制信号的关系。

2）参数计算

为保证单元电路达到功能指标要求，就需要用电子技术知识对参数进行计算。例如，放大电路中各电阻值、放大倍数的计算；振荡器中电阻、电容、振荡频率等参数的计算。只有很好地理解电路的工作原理，正确利用计算公式，计算的参数才能满足设计要求。

计算参数时，同一个电路可能有几组数据，注意选择一组能完成电路设计要求的功能、在实践中能真正可行的参数。

计算电路参数时应注意下列问题：

（1）元器件的工作电流、电压、频率和功耗等参数应能满足电路指标的要求；

（2）元器件的极限参数必须留有足够裕量，一般应大于额定值的 1.5 倍；

（3）电阻和电容的参数应选计算值附近的标称值。

3）器件选择

（1）阻容元件的选择。电阻和电容种类很多，正确选择电阻和电容是很重要的。不同的电路对电阻和电容性能要求也不同，有些电路对电容的漏电要求很严，还有些电路对电阻、电容的性能和容量要求很高。例如，滤波电路中常用大容量（$100\sim3000\ \mu$F）铝电解电容，为滤掉高频通常还需并联小容量（$0.01\sim0.1\ \mu$F）瓷片电容。设计时要根据电路的要求选择性能和参数合适的阻容元件，并要注意功耗、容量、频率和耐压范围是否满足要求。

（2）分立元件的选择。分立元件包括二极管、晶体三极管、场效应管、光电二（三）极管、晶闸管等，应根据其用途分别进行选择。

选择的器件种类不同，注意事项也不同。例如选择晶体三极管时，首先注意是选择 NPN 型还是 PNP 型管，是高频管还是低频管，是大功率管还是小功率管，并注意管子的参数 P_{CM}、I_{CM}、BV_{CEO}、I_{CEO}、β、f_T 和 f_β 是否满足电路设计指标的要求。高频工作时，要求 $f_T=(5\sim10)f$，f 为工作频率。

（3）集成电路的选择。由于集成电路可以实现很多单元电路甚至整机电路的功能，所以选用集成电路来设计单元电路和总体电路既方便又灵活，它不仅使系统体积缩小，而且性能可靠，便于调试及运用，在设计电路时颇受欢迎。

集成电路有模拟集成电路和数字集成电路。国内外已生产出大量集成电路，器件的型号、原理、功能、特征可查阅有关手册。

选择的集成电路不仅要在功能和特性上实现设计方案，而且要满足功耗、电压、速度、价格等多方面的要求。

4. 电路图的绘制

为详细表示设计的整机电路及各单元电路的连接关系，设计时需绘制完整电路图。

电路图通常是在系统框图、单元电路设计、参数计算和器件选择的基础上绘制的，它是组装、调试和维修的依据。绘制电路图时要注意以下几点：

（1）布局合理，排列均匀，图面清晰，便于看图，有利于对图的理解和阅读。

有时一个总电路由几部分组成，绘图时应尽量把总电路画在一张图纸上。如果电路比较复杂，需绘制几张图，则应把主电路画在同一张图纸上，而把一些比较独立或次要的部分画在另外的图纸上，并在图的断口两端做上标记，标出信号从一张图到另一张图的引出点和引入点，以此说明各图纸在电路连线之间的关系。

有时为了强调并便于看清各单元电路的功能关系，应将每一个功能单元电路的元件集中布置在一起，并尽可能按工作顺序排列。

（2）注意信号的流向，一般从输入端或信号源画起，由左至右或由上至下按信号的流向依次画出各单元电路，而反馈通路的信号流向则与此相反。

（3）图形符号要标准，图中应加适当的标注。图形符号表示器件的项目或概念。电路图中的中、大规模集成电路器件，一般用方框表示，在方框中标出它的型号，在方框的边线两侧标出每根线的功能名称和管脚号。除中、大规模器件外，其余元器件符号应当标准化。

（4）连接线应为直线，并且交叉和折弯应最少。通常连接线可以水平布置或垂直布置，一般不画斜线，互相连通的交叉处用圆点表示，根据需要，可以在连接线上加注信号名或其他标记，表示其功能或其去向。有的连接线可用符号表示，例如器件的电源一般标电源电压的数值，地线用符号⊥表示。

设计的电路是否能满足设计要求，还必须通过组装、调试进行验证。

6.3 电子电路的组装

电子技术基础课程设计中组装电路通常采用焊接和实验箱上插接两种方式。焊接组装可提高学生的焊接技术，但器件可重复利用率低。在实验箱上组装，元器件便于插接且电路便于调试，并可提高器件的重复利用率。下面介绍在实验箱上用插接方式组装电路的方法。

1. 集成电路的装插

插接集成电路时首先应认清方向，不要倒插，所有集成电路的插入方向应保持一致，注意管脚不能弯曲。

2. 元器件的装插

根据电路图的各部分功能确定元器件在实验箱插接板上的位置，并按信号的流向将元器件顺序地连接，以易于调试。

3. 导线的选用和连接

导线直径应和插接板的插孔直径相一致，过粗会损坏插孔，过细则与插孔接触不良。

为了检查电路方便，根据不同用途，导线可以选用不同颜色。一般习惯是正电源用红线，负电源用蓝线，地线用黑线，信号线用其他颜色的线等。

　　连接用的导线要求紧贴在插接板上，避免接触不良。连接不允许跨在集成电路上，一般从集成电路周围通过，尽量做到横平竖直，这样便于查线和更换器件，但高频电路部分的连线应尽量短。

　　组装电路时注意，电路之间要共地。

　　正确的组装方法和合理的布局，不仅可使电路整齐美观，而且能提高电路工作的可靠性，便于检查和排除故障。

6.4　电子电路的调试

　　实践表明，一个电子装置即使按照设计的电路参数进行安装，往往也难于达到预期的效果。这是因为人们在设计时，不可能周密地考虑各种复杂的客观因素（如元件值的误差、器件参数的分散性、分布参数的影响等），必须通过安装后的测试和调整，来发现和纠正设计方案的不足和安装的不合理，然后采取措施加以改进，使装置达到预定的技术指标。因此，掌握调试电子电路的技能，对于每个从事电子技术及其相关领域工作的人员来说，是非常重要的。

　　实验和调试的常用仪器有万用表、稳压电源、示波器、信号产生器和扫频仪等。

1. 调试前的直观检查

　　电路安装完毕，通常不宜急于通电，先要认真检查一下。检查内容包括：

　　（1）连线是否正确。检查电路连线是否正确，包括错线、少线和多线。查线的方法通常有两种：

　　① 按照电路图检查安装的线路。这种方法的特点是，根据电路图连线，按一定顺序逐一检查安装好的线路，由此，可比较容易地查出错线和少线。

　　② 按照实际线路来对照原理电路进行查线。这是一种以元件为中心进行查线的方法，即把每个元件（包括器件）引脚的连线一次查清，检查每个去处在电路图上是否存在。这种方法不但可以查出错线和少线，还容易查出多线。

　　（2）元、器件安装情况。检查元、器件引脚之间有无短路；连接处有无接触不良；二极管、三极管、集成块和电解电容极性等是否连接有误。

　　（3）电源供电（包括极性）、信号源连线是否正确。

　　（4）电源端对地（⏚）是否存在短路。在通电前，断开一根电源线，用万用表检查电源端对地（⏚）是否存在短路。检查直流稳压电源对地是否短路。

　　电路经过上述检查并确认无误后，就可转入调试。

2. 调试方法

　　调试包括测试和调整两个方面。所谓电子电路的调试，是以达到电路设计指标为目的而进行的一系列的测量—判断—调整—再测量的反复进行过程。

　　为了使调试顺利进行，设计的电路图上应当标明各点的电位值、相应的波形图以及其他主要数据。

　　调试方法通常采用先分调后联调（总调）。

调试时可以循着信号的流向，逐级调整各单元电路，使其参数基本符合设计指标。这种调试方法的核心是，把组成电路的各功能块(或基本单元电路)先调试好，并在此基础上逐步扩大调试范围，最后完成整机调试。对于包括模拟电路、数字电路和微机系统的电子装置，更应采用这种方法进行调试。因为只有把三部分分开调试并分别使之达到设计指标，再经过信号及电平转换电路后才能实现整机联调。否则，由于各电路要求的输入、输出电压和波形不符合要求，盲目进行联调，就可能造成大量的器件损坏。

具体调试步骤如下：

1) 通电观察

把经过准确测量的电源接入电路。观察有无异常现象，包括有无冒烟，是否有异常气味，手摸元器件是否发烫，电源是否有短路现象等。如果出现异常，应立即切断电源，待排除故障后才能再通电。然后测量各路总电源电压和各器件的引脚的电源电压，以保证元器件正常工作。

通过通电观察，认为电路初步工作正常，就可转入正常调试。

这里需要指出的是，实验板上用的电源可能是正电压，也可能是负电压，还可能正、负电压都有，所以电源是"正"端接"地"还是"负"端接"地"，使用时应先考虑清楚。如果要求电路浮地，则电源的"＋"与"－"端都不与机壳相连。

应注意一般电源在开与关的瞬间往往会出现瞬态电压上冲的现象，集成电路又最怕过电压的冲击，所以一定要养成先开启电源，后接电路的习惯，在实验中途也不要随意将电源关掉。

2) 静态调试

交流、直流并存是电子电路工作的一个重要特点。一般情况下，直流为交流服务，直流是电路工作的基础。因此，电子电路的调试有静态调试和动态调试之分。静态调试一般是指在没有外加信号的条件下所进行的直流测试和调整过程。例如，通过静态测试模拟电路的静态工作点，数字电路的各输入端和输出端的高、低电平值及逻辑关系等，可以及时发现已经损坏的元器件，判断电路的工作情况，并及时调整电路参数，使电路工作状态符合设计要求。

3) 动态调试

动态调试是在静态调试的基础上进行的。调试的方法是在电路的输入端接入适当频率和幅值的信号，并循着信号的流向逐级检测各有关点的波形、参数和性能指标。发现故障现象，应采取不同的方法缩小故障范围，最后设法排除故障。

通过调试，最后检查功能块和整机的各种指标(如信号的幅值、波形形状、相位关系、增益、输入阻抗和输出阻抗等)是否满足设计要求，如有必要，再进一步对电路参数提出合理的修正。

3. 调试中注意事项

调试结果是否正确，很大程度上受测量正确与否和测量精度的影响。为了保证调试的效果，必须减小测量误差，提高测量精度。为此，需注意以下几点：

(1) 正确使用测量仪器的接地端。凡是使用地端接机壳的电子仪器进行测量，仪器的接地端应和放大器的接地端连接在一起，否则仪器机壳引入的干扰不仅会使放大器的工作状态发生变化，而且将使测量结果出现误差。根据这一原则，调试发射极偏置电路时，若需测量 U_{CE}，不应把仪器的两端直接接在集电极和发射极上，而应分别测出 U_C、U_E，然后将二者相减得 U_{CE}。若使用干电池供电的万用表进行测量，由于电表的两个输入端是浮动的，所以允许直接接到测量点之间。

（2）在信号比较弱的输入端，尽可能用屏蔽线连线。屏蔽线的外屏蔽层要接到公共地线上。在频率比较高时要设法隔离连接线分布电容的影响，例如用示波器测量时应该使用有探头的测量线，以减少分布电容的影响。

（3）测量电压所用仪器的输入阻抗必须远大于被测处的等效阻抗。这是因为，若测量仪器输入阻抗小，则在测量时会引起分流，给测量结果带来很大的误差。

（4）测量仪器的带宽必须大于被测电路的带宽。例如，某万用表的工作频率为 20～20000 Hz，如果放大器的 $f_H = 100$ kHz，我们就不能用此万用表来测试放大器的幅频特性，否则，测试结果就不能反映放大器的真实情况。

（5）要正确选择测量点。用同一台测量仪进行测量时，测量点不同，仪器内阻引进的误差大小将不同。

（6）测量方法要方便可行。需要测量某电路的电流时，一般尽可能测电压而不测电流，因为测电压不必改动被测电路，测量方便。若需知道某一支路的电流值，可以通过测取该支路上电阻两端的电压，经过换算而得到。

（7）调试过程中，不但要认真观察和测量，还要善于记录。记录的内容包括实验条件，观察的现象，测量的数据、波形和相位关系等。只有有了大量的可靠的实验记录，并与理论结果加以比较，才能发现电路设计上的问题，完善设计方案。

（8）调试时出现故障，要认真查找故障原因，切不可一遇到故障解决不了就拆掉线路重新安装。因为重新安装的线路仍可能存在各种问题，如果是原理上的问题，即使重新安装也解决不了问题。应当把查找故障并分析故障原因看成一次好的学习机会，通过它来不断提高自己分析问题和解决问题的能力。

6.5　课程设计总结报告

编写课程设计的总结报告是对学生写科学论文和科研总结报告的能力训练。通过写报告，不仅可以对设计、组装、调试的内容进行全面总结，而且可以将实践内容上升到理论高度。总结报告应包括以下几点：

（1）课题名称。

（2）内容摘要。

（3）设计内容及要求。

（4）比较和选择设计的系统方案，画出系统框图。

（5）单元电路设计、参数计算和器件选择。

（6）画出完整的电路图，并说明电路的工作原理。

（7）组装调试的内容。包括：

① 使用的主要仪器和仪表。

② 调试电路的方法和技巧。

③ 测试的数据和波形并将其与计算结果进行比较和分析。

④ 调试中出现的故障、原因及排除方法。

（8）总结设计电路的特点和方案的优缺点，指出课题的核心及实用价值，提出改进意见和展望，得到的收获和体会。

（9）列出系统需要的元器件清单。

（10）列出参考文献。

6.6　课程设计举例

1. 设计任务书

（1）题目：函数发生器。

（2）设计要求：

① 设计一个能产生正弦波、矩形波、三角波的电路，要求波形的频率在一定范围内可调，矩形波占空比在一定范围内可调；

② 用数码管显示波形频率；

③ 用中、小规模集成电路组件和阻容元件实现所选定的电路；

④ 在计算机上用 EDA 软件仿真优化；

⑤ 制作电路板并安装、调试；

⑥ 写出设计总结报告。

（3）主要技术指标：

① 频率范围：50 Hz～10 kHz，连续可调；

② 矩形波占空比：30%～60%，连续可调；

③ 输出电压：矩形波 $U_{P-P}=12$ V，三角波 $U_{P-P}=12$ V，正弦波 $U_{P-P}=10$ V；

④ 实时显示矩形波的频率；

⑤ 波形特性：略；

⑥ 负载能力：略。

2. 设计思路提示

1）系统框图

有产生三种或多种波形的函数发生器，其电路中使用的器件可以是分立器件（如低频信号函数发生器 S101 全部采用晶体管），也可以是集成器件（如单片集成电路函数信号发生器 ICL8038）。产生矩形波、正弦波、三角波的方案也有多种，如先产生方波，再根据积分器转换为三角波，最后通过差分放大电路转换为正弦波。频率计部分由时基电路、计数显示电路等构成，整形好的矩形波脉冲输入该电路，与时基电路产生的闸门信号对比后送入计数器，最后由数码管显示被测脉冲的频率。系统框图如图 6.6.1 所示。

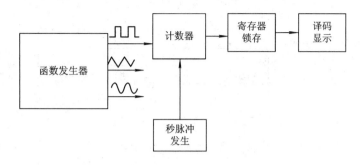

图 6.6.1 系统框图

2）单元电路设计思路

（1）函数发生器。

一种方案是采用运放和分立元件构成。如图 6.6.2 所示，用正弦波发生器（如桥式振荡器）产生正弦波，通过变换电路（如过零比较器）得到矩形波输出，再用积分器将矩形波变成三角波。

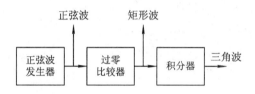

图 6.6.2 方案 1

另一种方案是先产生矩形波（如多谐振荡器），然后通过积分器将矩形波变换成三角波，再用近似的方法变换矩形波或者三角波，得到正弦波。

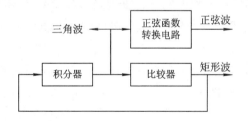

图 6.6.3 方案 2

三角波转正弦波的方法主要有折线法和滤波法。

折线法的转换原理是：根据输入三角波的电压幅度，不断改变函数转换电路的传输比率，也就是用多段折线组成的电压传输特性，实现三角函数到正弦函数的逐段校正，输出近似的正弦电压波形，如图 6.6.4 所示。

滤波法的转换原理是：把峰值为 U_m 的三角波用傅里叶级数展开：

$$u_\Delta(\omega t) = \frac{8}{\pi^2} U_m \left(\sin\omega t - \frac{1}{3^2} \sin3\omega t + \frac{1}{5^2} \sin5\omega t - \frac{1}{7^2} \sin7\omega t + \cdots \right) \qquad (6.6.1)$$

由上式可以看出，若三角波的频率变化范围不大，可用低通滤波器滤去高次谐波，保留基波成分，正弦波与三角波之间具有固定的幅度关系。但若三角波的频率变化范围较

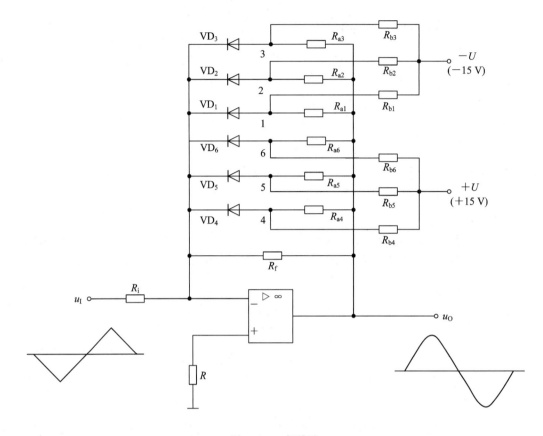

图 6.6.4　折线法

大，要设计一个对截止频率具有跟踪功能的低通滤波器就相当困难，不易实现。因此，滤波法只适用于频率变化范围很小，最好是固定频率的应用场合。

（2）同相放大电路。

为了使得输出幅值满足题目要求，需要设计用运放组成的同相放大电路，调节反馈电阻使得电压幅值满足题目要求。

（3）衰减电路。

由于矩形波幅值不一定满足 TTL 或者 CMOS 电平的要求，需要设计衰减电路对信号进行衰减。由于对负载能力要求不高，用电阻分压或者运放做衰减电路均可。

（4）秒脉冲发生。

利用 555 定时器或者石英晶体构成秒脉冲发生器。正脉冲宽度为 1 s，取 $C=1\ \mu F$ 或 $0.47\ \mu F$。

（5）计数器。

用 74LS90 构成 5 位十进制计数器。注意清 0 方式及控制。

（6）寄存器锁存。

用 74LS194 构成 5 个四位寄存器。

（7）译码显示。

用 CC4511 驱动七段数码管或者液晶模块显示。

3. 系统安装调试方法和步骤

（1）在九孔板上搭接函数发生器电路。

按仿真调试后的原理图分别搭接正弦波发生器、矩形波发生器、三角波发生器、放大衰减器等单元电路。

（2）在数字逻辑实验箱上搭接电路。

按仿真调试后的原理图分别搭接秒脉冲发生器、十进制计数器、寄存器锁存及置数控制等单元电路。

（3）联合调试，直到满足课题需求。

6.7　课程设计题目一览

1. 盲人探路系统

设计任务和要求：

（1）超声波发射、接收；

（2）超声波选频；

（3）当检测出超声波发射器发出的超声信号时，蜂鸣器发出报警声，要求报警嘀嘀声间断发声，频率约 1 Hz。

2. 声光控路灯控制系统

设计任务和要求：

（1）光照度强（白天）路灯不点亮，光照度暗（夜晚）路灯可由声音控制；

（2）有声音时路灯点亮，否则不点亮。

3. 倍频电路

设计任务和要求：

设计、制作一倍频电路，能完成 2 倍频、4 倍频（甚至更多）功能，并且这些倍频能通过拨动开关转换。（振荡电路需自行设计、制作，振荡频率应不低于 11 MHz，可用晶振来完成。）

4. 分频电路

设计任务和要求：

设计、制作一分频电路，能完成 1/2 分频、1/4 分频（甚至更低）功能，并且这些分频能通过拨动开关转换。（振荡电路需自行设计、制作，振荡频率应不低于 11 MHz，可用晶振来完成。）

5. 半导体三极管 β 值测量仪

设计任务和要求：

设计制作一个自动测量三极管直流放大系数 β 值范围的装置。

（1）对被测 NPN 型三极管值分三挡；

(2) β 值的范围分别为 80～120、120～160 及 160～200，对应的分挡编号分别是 1、2、3；

(3) 待测三极管为空时显示 0，β 值超过 200 显示 4；

(4) 用数码管显示 β 值的挡位。

6. 商店迎宾机器人电路

设计任务和要求：

(1) 能判断顾客进门与出门，在有顾客进门时发出声音"欢迎光临"，出门时发出声音"谢谢光临"；

(2) 能实时统计来访人数及当前店内人数，并用数码管显示出来；

(3) 电路设计要求有抗干扰的措施。

7. 调音器

设计任务和要求：

设计并制作一个三段曲线式调音器，对低音、中音和高音的增益均可提升和衰减，三段调音频率分别为 125 Hz、1 kHz、8 kHz。

8. 升压型 DC－DC 变换器

设计任务与要求：

设计并制作一个 5～15 V 的 DC－DC 升压器。

(1) 效率大于 60%；

(2) 纹波电压小于 50 mV；

(3) 输出电流大于 100 mA。

9. 测距仪

设计任务与要求：

(1) 测量距离范围：0.5～5 m；

(2) 用三位 LED 或 LCD 显示距离；

(3) 距离小于 1 m 时声光报警。

10. 简易数字电容表

设计任务和要求：

(1) 被测电容范围：1000 pF～10 μF；

(2) 测试误差小于 10%；

(3) 电容值至少用三位数码管显示。

11. 金属探测器

设计任务和要求：

(1) 工作温度：－40～＋50℃；

(2) 连续工作时间：一组 5 号干电池可连续工作 40 h；

(3) 探测距离大于 20 cm（金属物体愈大，测距也愈大，对 1 角硬币的探测距离为 20 cm）；

(4) 具有自动回零功能。

12. 逻辑信号电平测试器

设计任务和要求：

(1) 测量范围：低电平小于 0.8 V，高电平大于 3.5 V；

(2) 用 800 Hz 的声响表示被测信号为低电平；

(3) 当被测信号在 0.8~3.5 V 之间时，不发出声响；

(4) 输入电阻大于 20 kΩ；

(5) 工作电源为 5 V。

13. 电机转速仪

设计任务和要求：

设计一个能测量微型直流电机转速的仪器。

(1) 转速的误差为 ±20 r/min；

(2) 用数字形式显示；

(3) 操作方便，动态性能好。

14. 直流可变稳压电源

设计任务与要求：

(1) 制作一个 0~15 V 的直流电源；

(2) 功率要求 30 W 以上；

(3) 测量直流稳压电源的纹波系数；

(4) 具有过压、过流保护；

(5) 不可用集成芯片。

15. PID 调节器

设计任务与要求：

(1) 比例系数、积分时间、微分时间可调，参数自定义；

(2) P、PI、PD、PID 可分别设置；

(3) 要有计算机仿真过程。

16. 简易万用电表

设计任务与要求（由集成运放组成万用电表）：

(1) 至少能测量电阻、电流和电压；

(2) 选择适当的元器件并安装调试；

(3) 测量一些电子元器件的参数，检验其测量准确率。

17. 自动水龙头

设计任务与要求：

(1) 设计一个红外线自动水龙头电路，要求当人或物体靠近时，水龙头自动放水，而人或物体离开时水龙头自动关闭；

(2) 采用红外线传感器；

(3) 开关使用电磁阀工作。

18. 过/欠电压保护提示电路

设计任务与要求：

(1) 设计一个过/欠电压保护电路，当电网交流电压大于 250 V 或小于 180 V 时，经 3～4 s 本装置将切断用电设备的交流供电，并用 LED 发光警示；

(2) 在电网交流电压恢复正常后，经本装置延时 3～5 min 后恢复用电设备的交流供电。

19. 电子调光控制器

设计任务与要求：

(1) 设计并制造带电子控制的调光控制器；

(2) 控制器的控制信号由触摸开关输入；

(3) 灯光控制应满足亮度变化平稳且单调变化，不会发生忽暗忽明现象；

(4) 供电 AC220V，50 Hz。

20. 出租车自动计价器

设计任务与要求(用中、小规模集成电路设计与制作)设计任务与要求：

(1) 能显示汽车行驶的里程和停车等候时间；

(2) 能自动显示该收的行车费和停车等候费；

(3) 每公里该收的行车费(如 1 元)，每 10 min 应该收的行车等候费(如 0.5 元)，均由拨码开关预先设置。

附录　常用网络学习资源

1. 微信公众号

"电工电子系列课程学习资源"微信公众号二维码：

电工电子系列课程学习资源

2. 常用电子设计类软件

常用电子设计类软件包括 Tina-Ti、Protues、Multisim、Orcad、Altium Designer、Keil、Matlab、Labview、LTspice、立创 EDA 等。

3. 技术资料网站

技术资料网站包括：

(1)　联合开发网：http：//www.pudn.com；

(2)　专业开发者社区：http：//www.csdn.com；

(3)　阿莫电子论坛：https：//www.amobbs.com/forum.php；

(4)　电子发烧友网：http：//www.elecfans.com/。

4. 竞赛网站

竞赛网站包括：

(1)　全国大学生电子设计竞赛：http：//nuedc.xjtu.edu.cn/；

(2)　全国大学生电子设计竞赛培训网：https：//www.nuedc-training.com.cn/；

(3)　湖南省大学生电子设计竞赛：http：//hnedc.hnie.edu.cn/；

(4)　学生电子设计联盟：http：//www.nuedc.net.cn；

(5)　电子工程世界论坛：http：//bbs.eeworld.com.cn/；

(6)　人人网大学生电子设计大赛小组：http：//xiaozu.renren.com/xiaozu；

(7)　全国电工电子基础课程实验教学案例设计竞赛：http：//www.dgdzsysj.cn/。

5. 申请样片网站

申请样片网站包括：

(1)　http：//www.maxim-ic.com.cn；

(2)　http：//www.linear.com.cn；

(3)　http：//www.analog.com；

(4)　http：/www. ti. com；

(5)　http：//www. irf. com。

6. 芯片手册下载网站

芯片手册下载网站包括：

(1)　http：//www. 21ic. com；

(2)　http：//www. alldatasheet. com；

(3)　http：//www. ic37. com。

参 考 文 献

[1] 陈文光. 电工电子实验指导教程[M]. 西安：西安电子科技大学出版社，2016
[2] 邹其洪. 电工电子实验与计算机仿真（上）[M]. 北京：电子工业出版社，2009
[3] 邹其洪. 电工电子实验与计算机仿真（下）[M]. 北京：电子工业出版社，2009
[4] 刘原，欧阳宏志. 电路分析基础[M]. 4版. 北京：高等教育出版社，2020
[5] 康华光. 电子技术基础电路：模拟部分[M]. 6版. 北京：高等教育出版社，2013
[6] 康华光. 电子技术基础电路：数字部分[M]. 6版. 北京：高等教育出版社，2013
[7] 黄智伟. 全国大学生电子设计竞赛培训教程[M]. 北京：电子工业出版社，2005
[8] 高吉祥. 电子技术基础课程实验与课程设计[M]. 北京：电子工业出版社，2002
[9] 谢自美. 电子线路设计·实验·测试[M]. 5版. 武汉：华中科技大学出版社，2006
[10] 毕满清. 电子技术实验与课程设计[M]. 3版. 北京：机械工业出版社，2005
[11] 邹其洪. EDA技术实验教程[M]. 北京：中国电力出版社，2009
[12] TEXAS INSTRUMENTS. TINA-TI（基于 SPICE 的模拟仿真程序）[EB/OL]. [2021-03-01]. https://www.ti.com.cn/tool/cn/TINA-TI
[13] NATIONAL INSTRUMENTS. MultisimLive[EB/OL]. [2021-04-01]. https://www.multisim.com/